Bildatlas

BEDROHTE TIERARTEN

Kerstin Viering
Roland Knauer

Bildatlas
BEDROHTE TIERARTEN

VORWORT

Stellen Sie sich vor, Sie sind neuer Leiter des Rechenzentrums eines Großunternehmens: Auf Dutzenden von Großrechnern liegen alle Daten der Firma, die kompletten Archive, Kundendateien, die Lagerhaltung, Patente – kurzum alles, was das Unternehmen zu bieten hat. Jetzt kommen Sie mit einer neuen Software zur Vereinfachung der Verwaltung und benötigen dafür viel Platz auf den Festplatten. Völlig willkürlich beginnen Sie mit dem Löschen. Dabei trifft es auch Teile des Betriebssystems und plötzlich fällt ein Rechner nach dem anderen aus. Die Produktion bricht zusammen.

So naiv kann niemand sein, werden Sie sofort einwenden. Doch was machen wir mit den Genen und Arten dieser Erde, entstanden in Millionen von Jahren? Um den Faktor Tausend hat der Mensch das Artensterben beschleunigt, bis zu 300 Tier- und Pflanzenarten sterben täglich aus, sagen die Schätzungen. Fast die Hälfte der knapp 50 000 untersuchten Arten sind akut gefährdet, analysieren einige Tausend Wissenschaftler im Auftrag der Weltnaturschutzorganisation IUCN. Doch brauchen wir die Rhönquellschnecke, diesen nur zwei Millimeter großen Bewohner der Quellen eines deutschen Mittelgebirges, oder den vietnamesischen Goldkopflangur, der mit weniger als 70 Tieren einen traurigen Spitzenplatz bei den am stärksten bedrohten Primatenarten der Welt innehat? Die Antwort ist kurz: Wir wissen es nicht! Biologen kennen heute etwa zwei Millionen Tier- und Pflanzenarten. Da viele Arten noch gar nicht entdeckt sind, könnten es auch zehnmal mehr sein. Wenn wir aber nur eine schwache Vorstellung vom Arteninventar haben, wie rudimentär ist dann erst unsere Kenntnis vom Zusammenspiel aller Arten und ihrer Interaktion mit der Umwelt?

Als die Zoologische Gesellschaft Frankfurt (ZGF), eine international tätige Naturschutzorganisation, vor mehr als 150 Jahren gegründet wurde, lebten auf der Erde 1,3 Milliarden Menschen. Auf etwa die gleiche Zahl bringen es heute allein die Chinesen, insgesamt hat die Erde mittlerweile sieben Milliarden menschliche Bewohner. Fast zwei Drittel aller Lebensräume wurden von uns Menschen grundlegend verändert und die Arten verschwinden immer schneller. Mit der Wiederansiedlung der Bartgeier in den Alpen, dem Schutz der letzten Sumatra-Orang-Utans oder der Erhaltung der Serengeti mit ihren vielen Millionen wandernden Huftieren sind der ZGF und vielen anderen Naturschutzorganisationen große Erfolge geglückt. Doch Entwarnung gibt es beim Artensterben keineswegs. Wir täten gut daran, mit der „Festplatte" Erde sorgsamer umzugehen. Vor allem für uns und unsere Kinder.

Dr. Christof Schenck, Geschäftsführer der Zoologischen Gesellschaft Frankfurt

ZOOLOGISCHE GESELLSCHAFT FRANKFURT

Die Zoologische Gesellschaft Frankfurt (ZGF) ist eine international tätige Naturschutzorganisation, die in rund 30 Ländern aktiv ist. Einer der Schwerpunkte ihrer Arbeit liegt im östlichen Afrika, wo sich bereits der langjährige ZGF-Präsident Prof. Dr. Bernhard Grzimek stark engagiert hat. Zahlreiche weitere Projekte gibt es zum Beispiel im Osten der südamerikanischen Anden sowie in Mittel- und Osteuropa.

INHALT

Massenaussterben

Als ein Meteorit vor 65 Millionen Jahren in den Golf von Mexiko donnerte, blieb nicht nur ein 200 Kilometer breiter Einschlagskrater, sondern auch eine ziemlich ramponierte Erde zurück. Mit allen Dinosauriern war auch rund die Hälfte aller vorher lebenden Tierarten verschwunden.

Solche Massenaussterben von Arten gab es in den letzten paar Hundert Millionen Jahren der Erdgeschichte mindestens fünfmal. Auch wenn die Ursachen für diese tiefen Einschnitte in die Entwicklung der Arten noch nicht völlig aufgeklärt sind, scheinen jeweils spektakuläre Vorgänge eine zentrale Rolle gespielt zu haben: Einschlagende Riesenmeteoriten, gigantische Vulkanausbrüche oder verheerende Eiszeiten dürften jedes Mal das Leben auf dem Globus radikal dezimiert haben.

Faktor Mensch

Weit weniger spektakulär als die ersten „Big Five" scheint dagegen das sechste dieser Massenaussterben zu beginnen. Die Ursache ist diesmal eine neue Art, die bei den Menschenaffen Afrikas entstanden ist und die sich seit einigen Zehntausend Jahren nicht nur über den Globus ausbreitet, sondern ihm auch deutlich sichtbar ihren Stempel aufdrückt. Wo immer diese junge Art auftauchte, die sich selbst *Homo sapiens* oder auch „Mensch" nennt, stellte sie die gesamte Umwelt auf den Kopf. Kurz danach starben etliche Tierarten oft ziemlich schnell aus, obwohl sie vorher viele Jahrmillionen die Widrigkeiten ihrer Heimat ohne größere Probleme gemeistert hatten.

Obwohl der **Jaguar** nur in Mittel- und Südamerika durch die Wälder schleicht, kennt auch im Rest der Welt jedes Kind das elegante Raubtier. ≪

Das Logo des World Wide Fund for Nature (WWF) zeigt einen **Pandabären,** der so zu einem bekannten Symbol für bedrohte Tierarten wurde.

In Europa verschwanden nach Ankunft der modernen Menschen vor allem die großen Tierarten wie der Höhlenbär und der Auerochse, der Waldelefant und das Waldnashorn. Andere wurden selten oder überlebten nur in abgelegenen Regionen wie der Braunbär oder der Bartgeier. In Amerika verabschiedeten sich Mastodonten, Riesenfaultiere, Kamele und Riesengürteltiere, im Norden Asiens unter anderem das Wollhaarmammut.

Am stärksten wirkte sich die Ankunft des Menschen wohl in Australien aus, dort traf es alle Arten von Säugetieren, Vögeln und Reptilien, die mehr als 100 Kilogramm wogen. Darunter waren Beuteltiere vom Ausmaß heutiger Nashörner und mit vermutlich drei Tonnen Lebendgewicht. Auf abgelegenen Inseln wie Neuseeland oder Madagaskar passierte Ähnliches.

Dieses zeitliche Zusammenfallen zwischen dem Aussterben der großen Tierarten und dem ersten Auftauchen von Frühmenschen oder Menschen

Die Paare der **Galapagosalbatrosse** bleiben meist ein Leben lang zusammen. Während einer der Partner Nahrhaftes im Meer sucht, wartet der andere am Nest auf seine Rückkehr.

Berggorillas können bereits unmittelbar nach der Geburt durchs Geäst turnen. Was sonst für ein Leben in den Regenwäldern an den Hängen der afrikanischen Vulkane noch wichtig ist, lernen sie von ihrer Mutter.

Als die ersten Menschen Neuseeland erreichten, rotteten sie den **Takahe** fast aus. Später retteten Naturschützer die Art mit aufwendigen Maßnahmen vor dem Aussterben.

legt einen Zusammenhang nahe: Auf Menschen mit bisher nicht bekannten Jagdwaffen wie Speeren waren vor allem die großen Tiere nicht eingerichtet, die sonst keine oder kaum Feinde hatten.

Beispiel Neuseeland

Vielleicht am besten dokumentiert ist der Artenschwund für Neuseeland, weil die ersten Menschen diese Doppelinsel mit ähnlich großer Fläche wie Großbritannien vermutlich erst vor 800 oder 1000 Jahren erreichten. Zunächst kamen die Polynesier, die den Moas so eifrig

nachstellten, dass die verschiedenen Arten dieser Riesenvögel innerhalb von 100 Jahren verschwunden waren. Genau wie die ein halbes Jahrtausend später auftauchenden Europäer holzten auch die Polynesier die Wälder ab, um Platz für Weiden und Äcker zu schaffen. Damit verloren auch die Vögel des Waldes ihre Heimat, viele Arten starben aus. Noch mehr der betroffenen Arten wurden selten und gelten heute als gefährdet. Aber auch die Tiere des Graslands bekamen Probleme, weil die Menschen Konkurrenz und Feinde mitgebracht hatten. Eingeführte Hirsche fressen beispielsweise der gänsegroßen Ralle Takahe das Gras weg, während als

Pelztiere freigelassene Hermeline die Eier ausschlürfen und der Nachwuchs so kaum noch Chancen hat. Spektakulär ist das nicht, aber effektiv. Am Anfang des 20. Jahrhunderts galt der Takahe jedenfalls als ausgestorben. In der Mitte des Jahrhunderts wurden die Tiere dann in den verregneten und unzugänglichen Murchison Mountains weit im kühlen Süden wiederentdeckt.

Zwischen ausgestorben und gerettet

„Lazarus-Art" nennen Biologen solche Tierarten, die scheinbar von den Toten wiederauferstanden sind. Die Takahes aber wären beinahe ein zweites Mal ausgestorben, wenn Naturschützer den flugunfähigen Vögeln nicht mit einem Riesenaufwand unter die Stummelflügel gegriffen hätten.

Weit im Süden der Südinsel werden in einfachen Gebäuden die Eier der Takahes von Brutmaschinen gewärmt und die geschlüpften Küken so von Menschenhand aufgezogen, dass sie möglichst wenig von dieser Hilfe mitbekommen. Denn später sollen die jungen Takahes in den Murchison Mountains freigelassen werden und dort den letzten Überlebenden ihrer Art die dringend benötigte Blutauffrischung bringen. Die Rallen haben es gerade noch geschafft, im Jahr 2010 lebten wieder 230 dieser Vögel auf der Welt, knapp die Hälfte davon noch immer in den Murchison Mountains.

Bedrohte Tierwelt

Das Schicksal von mehr als 250 solcher gefährdeten Tierarten oder -gattungen zeichnet dieser Bildatlas nach. Manche von ihnen haben es geschafft, einige sind bereits für immer verschwunden und bei den meisten ist ungewiss, was ihnen die Zukunft bringt. Wie groß das sechste Massenartensterben am Ende ausfallen wird, ist also noch immer nicht klar.

In Europa ist das Quaken von **Laubfröschen** nur noch selten zu hören.

Rote Listen

Wann ist eine Art eigentlich gefährdet? Diese einfach klingende Frage ist gar nicht so leicht zu beantworten. Natürlich spielt die Zahl der noch lebenden Individuen einer Art eine wichtige Rolle. Wichtiger aber ist meist, wie sich eine Art entwickelt. So machen sich Naturschützer viel weniger Sorgen über Arten, von denen es nur noch wenige Tiere gibt, deren Zahl aber seit Jahrzehnten stabil ist oder sogar leicht zunimmt, als über eine Art mit sehr vielen Individuen, von denen aber jedes Jahr etliche Prozent verschwinden. Seit die Internationale Naturschutzunion IUCN (International Union for Conservation of Nature) 1963 zum ersten Mal eine Liste gefährdeter Tier- und Pflanzenarten herausgab, zählt noch eine Reihe weiterer Faktoren wie etwa ein sehr kleines Verbreitungsgebiet einer Art zu den Kriterien, nach denen Arten in diese „Rote Liste" aufgenommen werden. Weitere Rote Listen werden inzwischen von einzelnen Staaten, Bundesländern und auch von Nichtregierungsorganisationen herausgegeben. So betreut BirdLife International die Rote Liste der gefährdeten Vogelarten. Folgende Gefährdungsstufen kennt die IUCN, entsprechende deutsche Bezeichnungen sind dahinter genannt. Die offiziellen Symbole oder Abkürzungen für die jeweilige Stufe stehen in Klammern:

- Extinct in the World (EX) = **Ausgestorben**
- Extinct in the Wild (EW) = **In der Natur ausgestorben**
- Regionally Extinct (Re) = **Regional ausgestorben**
- Critically Endangered (CR) = **Vom Aussterben bedroht**
- Endangered (EN) = **Stark gefährdet**
- Vulnerable (VU) = **Gefährdet**
- Lower Risk/conservation dependent (LR/cd) = **Von Schutzmaßnahmen abhängig**
- Near Threatened (NT) = **Vorwarnliste**
- Data Deficient (DD) = **Daten ungenügend**
- Least Concern (LC) = **Ungefährdet**
- Not Evaluated (NE) = **Nicht bewertet**

Europa

Mit den alten Naturwäldern ver-schwinden auch die **Hirschkäfer** aus Europa.

Der lange Arm des Menschen

Als die alten Römer die Grenzen ihres Reiches in Rich-tung Norden verschoben, staunten sie nicht schlecht über die undurchdringlichen Wälder und Sümpfe Mittel-europas. Von ihrer Heimat waren sie ja eher Felder, Obstgärten, Städte und Straßen gewöhnt. Die Mittel-meerregion war damals schon uraltes Kulturland, das Menschen seit Jahrtausenden umgestaltet hatten. Heute hat dieser Trend den ganzen Kontinent erfasst. Europa gehört zu den Regionen auf der Welt, denen der Mensch am stärksten seinen Stempel aufgedrückt hat. Unberührte Wildnis und urtümliche Natur in größerem Maßstab sucht man vielerorts vergebens.

Gewinner und Verlierer

Vielen Tieren ist der wachsende Einfluss seiner zwei-beinigen Nachbarn nicht gut bekommen. Sie sahen ihren Lebensraum schwinden oder wurden gnadenlos gejagt. Im 20. Jahrhundert hat vor allem die immer intensivere Land- und Forstwirtschaft unzählige Arten in schwere Bedrängnis gebracht.

Es gibt allerdings auch gute Nachrichten aus Europa. Arten wie Wolf und Luchs, die in vielen Regionen bereits ausgestorben waren, erobern nach und nach einen Teil ihres alten Reiches zurück.

Madeira-Kohlweißling | *26*

Mit seinen langen Barthaaren besitzt der **Fischotter** ein empfindliches Instrument zum Abtasten der näheren Umgebung.

Europa

Legende

Säugetiere

Vögel

Reptilien

Amphibien

Fische

Insekten

Weichtiere

Würmer

Obwohl sie zu den schwersten Vögeln der Welt gehören, fliegen **Großtrappen** manchmal auch weite Strecken.

Nordsee

Ostsee

Schwarzes Meer

Mittelmeer

Europäischer Nerz | 38

Flussperlmuschel | 51

Seeregenpfeifer | 53

Zwergseeschwalbe | 53

Europäischer Aal | 50

Wisent | 23

Fischotter | 39

Auerochse | 23

Seggenrohrsänger | 42

Eurasischer Luchs | 21

Hirschkäfer | 26

Wildkatze | 20

Gelbbauchunke | 47

Rotbauchunke | 47

Apollofalter | 37

Alpenbock | 37

Laubfrosch | 46

Großtrappe | 28

Wolf | 16

Krauskopfpelikan | 40

Grottenolm | 44

Braunbär | 19

Europäischer Stör | 47

Europäische Sumpfschildkröte | 43

Medizinischer Blutegel | 51

Bartgeier | 34

Wiesenotter | 33

Kaiseradler | 29

Schmutzgeier | 31

Spanischer Kaiseradler | 30

Mallorca-Geburtshelferkröte | 44

Griechische Landschildkröte | 32

Mittelmeer-Mönchsrobbe | 52

Iberischer Luchs | 22

Kykladenviper | 32

N

150 km

www.kartographie.de

15

Wälder

Von den einst riesigen Urwäldern Europas ist heute fast nichts mehr übrig. Im Laufe der Jahrhunderte mussten sie Äckern und Wiesen, Straßen und Ortschaften weichen oder wurden von der Forstwirtschaft umgestaltet. Wie diese Lebensräume ohne Eingriffe des Menschen heute aussehen würden, kann niemand sagen. Sicher ist nur, dass diese Veränderungen vielen Arten geschadet haben.

In Europa haben die meisten **Wölfe** ein graues Fell. Es gibt aber auch cremefarbene, gelbliche, rötliche und schwarze Exemplare. »

Wölfe sind gesellige Tiere mit einem komplexen Sozialleben. Ihre Rudel bestehen meist aus einem Elternpaar und dessen Nachwuchs.

Wolf

In Teilen Europas vom Aussterben bedroht Nicht erst seit Rotkäppchens Zeiten gehören Wölfe *(Canis lupus)* zu den unbeliebtesten Mitgliedern der europäischen Tierwelt. Neben tatsächlichen Schäden am Viehbestand der Bauern haben auch unrealistische Schauergeschichten über kindermordende Bestien auf vier Pfoten zu diesem schlechten Image beigetragen. Entsprechend gnadenlos wurden die Tiere jahrhundertelang verfolgt und abgeschossen, bis sie aus vielen Regionen Europas verschwunden waren.

Größere Bestände der grauen Raubtiere haben sich im Osten des Kontinents gehalten. Rund 3000 Tiere sollen noch durch die rumänischen Karpaten streifen, in den Bergwäldern findet man dort Wolfsfährten auf Schritt und Tritt. Zwar wird auch in Rumänien kaum ein Landwirt zum Wolfsenthusiasten. Doch man arrangiert sich. Die Schäfer verbringen die Nacht bei der Herde und bewachen sie mit Unterstützung von speziell ausgebildeten Hunden.

historisch

heute

Wölfe lebten früher in ganz Europa, Asien, Nordafrika und Nordamerika. Inzwischen ist ihr Verbreitungsgebiet stark geschrumpft.

Auch in Bulgarien oder Spanien gibt es seit Jahrhunderten Herdenschutzhunde, die Schafe und anderes Vieh sehr effektiv zu verteidigen wissen. Naturschützer sehen diese Tiere inzwischen als wichtige Verbündete. Denn die Wölfe haben umso bessere Überlebenschancen, je seltener sie sich an Vieh vergreifen und dadurch die Wut der Besitzer auf sich ziehen. In Bulgarien haben Mitarbeiter der Naturschutzorganisationen Balkani Wildlife Society und Euronatur daher ein Zuchtprogramm für die traditionelle Hunderasse Karakatschan ins Leben gerufen.

Solche Herdenschutzhunde werden auch für Viehbesitzer in anderen Regionen Europas immer interessanter. Denn seit den 1990er-Jahren gelingt es den Wölfen, zumindest einige Teile des Kontinents zurückzuerobern. So wanderten 1998 zwei Tiere aus Polen über die deutsche Grenze, siedelten sich auf einem Truppenübungsplatz in Sachsen an und hatten zwei Jahre später Nachwuchs. Zum ersten Mal seit 150 Jahren zogen wieder frei lebende Wölfe in Deutschland ihre Jungen auf. In den folgenden Jahren gründeten die vierbeinigen Jäger weitere Rudel und auch einzelne Tiere tauchten immer wieder in verschiedenen Regionen Deutschlands auf.

Jedes **Wolfsrudel** beansprucht ein eigenes Revier, das es – wenn nötig – gegen Eindringlinge verteidigt.

Auch in Spanien sind **Braunbären** selten geworden. Naturschützer versuchen aber mit gutem Erfolg, die Bestände wieder aufzupäppeln.

Braunbär

In Teilen Europas vom Aussterben bedroht Mal hatten sie mit kräftigen Krallen die Rinde von einem Baum gekratzt, mal verrieten sie sich durch Kothaufen voller Bucheckern oder rundliche Tatzenabdrücke im Matsch. Braunbären *(Ursus arctos)* spazierten früher durch die meisten europäischen Wälder. Inzwischen aber ist ihr Verbreitungsgebiet auf wenige Flecken geschrumpft. Bärenland Nummer eins auf dem Kontinent ist heute Rumänien mit etwa 5000 Tieren, gefolgt von Schweden und Finnland mit jeweils etwa 1000 Exemplaren. In den meisten anderen Regionen aber haben – wenn überhaupt – nur wenige Tiere die Nachstellungen der Jäger und die Zerstörung ihrer Lebensräume überstanden.

Manchmal bekommen diese letzten Überlebenden allerdings Verstärkung. So wanderte Anfang der 1970er-Jahre ein Männchen aus Slowenien nach Österreich ein. Damit dieser „Ötscherbär" nicht allein blieb, wilderte die Naturschutzorganisation World Wide Fund For Nature (WWF) zwischen 1989 und 1993 drei Artgenossen aus. Und prompt wurde Nachwuchs geboren. Bis Anfang des 21. Jahrhunderts war die Zahl der Bären in der Alpenrepublik wieder auf 25 bis 30 angewachsen. Dann allerdings verschwanden immer wieder vor allem junge Tiere spurlos. Gemeinsam mit der österreichischen Polizei hat der Wildbiologe Felix Knauer von der Veterinärmedizinischen Universität Wien zumindest einen dieser rätselhaften Fälle aufgeklärt: Im Wohnzimmer einer Jägerwitwe fand sich ein ausgestopfter Bär, den genetische Tests als einen der Vermissten identifizierten.

Solche illegalen Abschüsse bringen auch andere europäische Bärenpopulationen in Bedrängnis. Im Norden Spaniens zum Beispiel galt das Töten eines Bären noch bis vor wenigen Jahren als Männlichkeitsbeweis, mit dem man in der Kneipe prahlen konnte. Dieses Problem aber hat die spanische Naturschutzorganisation FAPAS mit Unterstützung ihrer deutschen Partner von Euronatur inzwischen weitgehend in den Griff bekommen. Seit FAPAS-Ranger und Umweltpolizisten von der Guardia Civil häufig gemeinsam im Gelände unterwegs sind, ist die Zahl der Abschüsse stark zurückgegangen. Im Jahr 2010 trotteten wieder 140 bis 160 der zotteligen Raubtiere durchs Kantabrische Gebirge in der nordspanischen Region Asturien – fast doppelt so viele wie 15 Jahre zuvor.

Das liegt allerdings nicht nur daran, dass die Menschen in der Region kaum noch auf die Tiere anlegen. Die Naturschützer haben den braunen Feinschmeckern nämlich ein unwiderstehliches Angebot gemacht: Es gibt Kirschen, Äpfel und andere Leckerbissen frei Haus. Seit Jahrhunderten hatten sich die Bären in dieser Region auf den Obstwiesen und Maisfeldern ihrer menschlichen Nachbarn bedient. Doch seit immer mehr Bauern ihre Felder aufgeben und aus dem rauen Gebirge in die Stadt ziehen, müssen die Tiere vielerorts auf diesen reich gedeckten Tisch verzichten. Also pflanzt FAPAS auf eigens gepachteten oder von den Besitzern zur Verfügung gestellten Flächen Obstbäume für die Bären. Das Programm kommt bei der Bevölkerung sehr gut an. Anders als in vielen anderen Regionen Europas haben die Bären Nordspaniens nicht nur in den Städten, sondern auch in ihrer direkten Nachbarschaft viele Fans.

Wildkatze

In Teilen Europas stark gefährdet Die Mäuse in Europas Wäldern mussten sich jahrtausendelang vor gestreiften Schatten in Acht nehmen. Lange war die Wildkatze *(Felis silvestris)* durch die meisten Wälder des Kontinents geschlichen und hatte Jagd auf kleine Nagetiere gemacht. Doch vor allem zwischen Ende des 18. und Mitte des 20. Jahrhunderts sind viele Bestände stark geschrumpft oder sogar ganz verschwunden. So ist die Art in den Niederlanden ausgestorben, in Österreich gibt es nur noch ein paar vereinzelte Tiere.

Unter den Nachstellungen der Jäger haben die Mäusefänger dabei ebenso gelitten wie unter dem Verlust ihres Lebensraums. Denn Wildkatzen brauchen große und abwechslungsreiche Laubwälder, die es vielerorts nicht mehr gibt. Straßen, Siedlungen und offene Flächen zerstückeln das Waldland in kleine Flecken, die wie Inseln inmitten der Kulturlandschaft liegen. Für die Katzen ist es äußerst schwierig, die Distanzen

Wenn es ihnen zu kalt und die Nahrung zu knapp wird, ziehen sich **Braunbären** zu einer Winterruhe zurück. Dabei können sie monatelang ohne Futter und Wasser auskommen.

zwischen diesen Lebensräumen zu überwinden. Also leben die kleinen Bestände isoliert vor sich hin, ein genetischer Austausch ist oft kaum möglich. Leicht kann eine Krankheit oder ein anderer ungünstiger Zufall eine solche Population vollständig auslöschen. Und wenn die Tiere erst einmal aus einer Region verschwunden sind, kehren sie nur sehr langsam zurück. Wenn überhaupt. Daher plädieren Naturschützer dafür, die isolierten Lebensräume der Wildkatze mit Waldstreifen zu verbinden. Davon könnten auch zahlreiche andere Arten profitieren.

Eurasischer Luchs

In Teilen Europas stark gefährdet Es ist wohl kein Zufall, dass es kein Märchen vom „bösen Luchs" gibt. Denn im Vergleich zu anderen großen Raubtieren wie dem Wolf genießen die großen Katzen mit den Pinselohren einen einigermaßen guten Ruf. Gerettet hat sie das in der Vergangenheit trotzdem nicht. Denn die nächtlichen Jäger mit den scharfen Augen und empfindlichen Ohren hatten es auf Rehe und andere Beute abgesehen, an der auch der Mensch Interesse hatte. Da griff man eben zum Gewehr, um die vierbeinige Konkurrenz loszuwerden.

Auch der schöne Pelz war für manchen Schützen Grund genug, die eleganten Katzen ins Visier zu nehmen. Weitere Punkte auf der Liste der Luchsprobleme waren die Zerstörung und Umgestaltung der weitläufigen europäischen Wälder, der zunehmende Mangel an Beutetieren und die Konflikte mit erbosten Bauern, an deren Tieren sich die Luchse mangels Alternative vergriffen. Bis zum Beginn des 20. Jahrhunderts

Wildkatzen sehen ähnlich aus wie gestreifte Hauskatzen, sind aber etwas größer und kräftiger und haben einen breiteren Kopf.

Eurasische Luchse können gut klettern und haben daher keine Schwierigkeiten, in eine Baumkrone hinaufzukommen oder sich einen Schlafplatz im Geäst zu suchen.

war der Eurasische Luchs *(Lynx lynx)* in weiten Teilen Mittel- und Südeuropas ausgerottet. Nur auf dem Balkan, in den Karpaten und im Gebiet zwischen der Ukraine, Weißrussland und Ostpolen haben Teile der ursprünglichen Bestände überlebt.

Inzwischen scheinen die großen Katzen mancherorts allerdings wieder auf dem Vormarsch zu sein. Seit den 1970er-Jahren haben Naturschützer in der Schweiz, Frankreich, Slowenien und anderen Ländern versucht, die Art wieder anzusiedeln. Auch im Harz wurden etliche Luchse freigelassen. Tatsächlich haben sich so etliche kleine Bestände etabliert. Doch auch auf eigenen Pfoten erobern die Tiere mittlerweile einen Teil ihrer alten Lebensräume zurück.

Allerdings dauert es mitunter seine Zeit, bis ihre Rückkehr überhaupt auffällt. Denn die großen Katzen führen ein ziemlich heimliches Leben und lassen sich nicht so leicht in die Karten schauen. Deshalb wissen Biologen bisher auch nur wenig über die Gewohnheiten der wohl bedrohtesten Unterart des Eurasischen Luchses: Mit großem Aufwand fahnden die deutsche Naturschutzstiftung Euronatur und ihre örtlichen Partnerorganisationen in den Wäldern Albaniens und Mazedoniens nach Lebenszeichen des Balkanluchses *(Lynx lynx martinoi)*. Doch trotz anstrengender Spurensuche und im Gelände installierter Fotofallen können auch sie nur grob schätzen, wie viele dieser gefleckten Raritäten es überhaupt noch gibt. Wahrscheinlich sind es weniger als 100.

Eurasische Luchsweibchen gebären normalerweise zwischen zwei und fünf Jungen, die bis zum Alter von etwa zehn Monaten bei ihrer Mutter bleiben.

Iberischer Luchs

Vom Aussterben bedroht Neben dem Eurasischen Luchs lebt in Europa eine weitere Luchsart, die zu den bedrohtesten Katzen der Welt gehört. Der Iberische Luchs oder Pardelluchs *(Lynx pardinus)* schleicht nur noch durch einzelne isolierte Gebiete in Spanien und Portugal. Dort bevorzugt er ein abwechslungsreiches Mosaik aus Wald, Buschland und offenen Grasflächen, auf denen er Kaninchen jagt. Die allerdings sind durch eingeschleppte Seuchen seit den 1950er-Jahren seltener geworden, weshalb auch der Lebensraum des Luchses schrumpft. Bedrohungen sind zudem Wilderer und der Straßenverkehr. Die IUCN schätzt, dass es nicht einmal mehr 150 Iberische Luchse gibt.

Auerochsen zieren das Ischtar-Tor von Babylon aus dem 6. Jahrhundert v. Chr., das heute im Pergamonmuseum in Berlin zu sehen ist.

Auerochse

Ausgestorben Mächtige, gehörnte Gestalten trotten über die Wände der Höhle von Lascaux in Frankreich. Schon die Steinzeitmaler waren offensichtlich beeindruckt von der Größe und Kraft der Auerochsen (*Bos primigenius*). Diese Wildrinder, deren Bullen eine Länge von mehr als drei Metern, eine Schulterhöhe von 1,90 Metern und ein Gewicht von einer Tonne erreichten, würden zweifellos auch heute noch zu den Stars der europäischen Tierwelt gehören.

Ursprünglich waren die Tiere in kleinen Herden durch zahllose Wälder in den gemäßigten und subtropischen Regionen Europas, Asiens und Nordafrikas gestreift. Dann aber stellten Jäger ihnen nach, Landwirte verwandelten die Wälder in Felder und Wiesen, Hausrinder fraßen ihren wilden Verwandten das Futter weg und steckten sie mit Krankheiten an. In Asien und Südeuropa soll der Auerochse schon etwa um die Zeitenwende ausgestorben sein, die weltweit letzten Vertreter der Art lebten Ende des 16. Jahrhunderts im Wald von Jaktorów bei Warschau.

In den 1920er-Jahren versuchten die Brüder Heinz und Lutz Heck, damals die Leiter der Zoos in Berlin und München, zumindest eine Art lebendes Andenken an die verschwundenen Waldbewohner zu schaffen. Aus verschiedenen Rassen von Hausrindern, die alle vom Auerochsen abstammen, züchteten sie das Heckrind. Es sieht zwar ähnlich aus wie seine wilden Ahnen, ist allerdings kleiner. Seit den 1990er-Jahren haben Züchter daher größere Rassen eingekreuzt – und einige Exemplare dieses

„Taurusrindes" zeigen auch schon einen imposanteren Körperbau. Den echten Auerochsen aber werden Menschen trotz aller Bemühungen nicht zurückholen können.

Wisent

Gefährdet Um ein Haar hätten die Wisente (*Bison bonasus*) das gleiche Schicksal erlitten wie die Auerochsen und Europa wäre auch sein zweites großes Wildrind los gewesen. Dabei hatten die bis zu einer Tonne schweren Huftiere in historischer Zeit in ganz Mittel-, West- und Südosteuropa gelebt, im Osten reichte ihre Heimat bis zur Wolga und zum Kaukasus. Doch die Jagd und die Zerstörung der Lebensräume machten auch diesen massigen Wiederkäuern das Überleben immer schwerer. Der Schwund der Wisente begann schon im 8. Jahrhundert, Ende des 19. Jahrhunderts gab es in freier Wildbahn nur noch einen Bestand im Urwald von Bialowieza in Polen und einen im Westkaukasus.

Doch auch diese letzten Populationen hatten keine Zukunft, Anfang des 20. Jahrhunderts war die Art in freier

Wisente wechseln zweimal im Jahr ihr Haarkleid. Das dichte Winterfell mit seinen vielen Woll- und Grannenhaaren hält auch bei harschen Bedingungen warm. »

Heckrinder wurden als lebendes Abbild der ausgestorbenen Auerochsen gezüchtet. Die Bullen wiegen normalerweise rund 900 Kilogramm.

Wildbahn ausgestorben. Ein Dutzend Tiere aber hatte in Zoos und Wildgehegen überlebt, sodass in den 1920er-Jahren ein Zuchtprogramm gestartet werden konnte. Die ersten Nachkommen daraus wurden in den 1950er-Jahren in Bialowieza ausgewildert. Mittlerweile gibt es auch in anderen Ländern Osteuropas wieder frei lebende Wisentherden. In anderen Teilen des Kontinents leben die Tiere dagegen nach wie vor nur in mehr oder weniger großen Gehegen.

Männliche **Hirschkäfer** können bis zu 75 Millimeter lang werden und sind damit die größten Käfer Europas. Die Weibchen bleiben etwas kleiner.

Hirschkäfer

🦋 **In Teilen Europas stark gefährdet** Das richtige Getränk zur richtigen Zeit kann die Annäherung ans andere Geschlecht enorm erleichtern. Von diesem Trick haben auch Hirschkäfer (*Lucanus cervus*) schon gehört. Damit die Weibchen des größten Käfers Europas in Paarungsstimmung kommen und ihre Eier reifen, müssen sie zunächst einmal

einen Drink aus Baumsäften zu sich nehmen. Mit ihren kräftigen Mundwerkzeugen knabbern sie dazu Eichenstämme an. Auch die Männchen haben an dieser energiereichen Nahrung großes Interesse. Allerdings können sie nicht selbst einen Baum anzapfen, weil ihre überdimensionalen Mundwerkzeuge nicht mehr zum Beißen taugen. Also müssen die Käfer-Romeos die Zapfstellen ihrer Partnerinnen mitbenutzen. Dabei scheinen sie mitunter Schwierigkeiten zu haben, die Wirkung des gerbsäurehaltigen Saftcocktails richtig abzuschätzen. Manche betrinken sich regelrecht daran, bis sie vom Baum fallen.

An solchen Missgeschicken liegt es allerdings nicht, dass Hirschkäfer in Mittel- und Südeuropa so selten geworden sind. Fatal hat sich vielmehr ihre Vorliebe für alte Eichenwälder ausgewirkt. In deren Wurzelwerk legen die Weibchen ihre Eier ab, die daraus schlüpfenden Larven fressen ausschließlich das schon stark von Pilzen zersetzte Holz der verrottenden Wurzeln. Solche Lebensräume aber sind heutzutage selten geworden, lassen doch Forstwirtschaft, Parkverwaltungen und Gartenbesitzer kaum noch absterbende Bäume mit zerfallenden Wurzeln stehen.

Madeira-Kohlweißling

🦋 **Stark gefährdet** Die Hoffnung schwindet mit jedem Jahr. Trotz zeitweise intensiver Suche hat schon seit 1977 niemand mehr ein Exemplar des Madeira-Kohlweißlings (*Pieris wollastoni* oder *Pieris brassicae wollastoni*) gesehen. Früher flatterte dieser weiße Schmetterling mit den dunklen Flecken durch die Lorbeerwälder der Atlantikinsel Madeira. Doch nun ist er vermutlich ausgestorben – wenn sich nicht doch noch in einem abgelegenen Tal ein paar bisher unentdeckte Tiere verbergen. Was den Faltern zum Verhängnis geworden ist, weiß niemand so genau. Wissenschaftler haben Viren oder andere Krankheitserreger in Verdacht.

Der **Madeira-Kohlweißling** kam weltweit nur auf der gleichnamigen Insel im Atlantik vor. Seit Jahrzehnten ist er auch dort verschollen.

Hirschkäfermännchen haben auffällige, vergrößerte Mundwerkzeuge, die an ein Geweih erinnern. Damit versuchen sie, in einer Art Ringkampf, ihre Rivalen zu besiegen.

Gras- und Buschland

Auch bevor Menschen die Landschaft umgestalteten, war Europa kein reines Waldland. In trockenen Gebieten treten an die Stelle der Bäume meist Büsche oder Grasland, das auch „Steppe" oder „Trockenrasen" genannt wird. Mit der oft starken Umgestaltung dieser offenen Flächen wurden die dort lebenden Arten vertrieben. Einige von ihnen fanden eine neue Heimat auf den Weiden von Nutztieren.

Aufwendige Schutzprogramme sollen das Überleben der letzten **Großtrappen** in Europa sichern.

Großtrappe

🦃 **Gefährdet** Mit beiden Beinen stößt sich der große, braun gemusterte Vogel vom Boden ab und hüpft in kräftigen Sprüngen wie ein aufschlagender Ball gegen den Wind – schon kurz darauf fliegen 16 Kilogramm Lebendgewicht durch die Luft. Großtrappen *(Otis tarda)* gehören zu den größten flugfähigen Vögeln der Welt. Da sie für ihren aufwendigen Start freie Flächen benötigen, leben sie nur in weitläufigem, trockenem Grasland von den Dehesas der spanischen Extremadura über die Puszta Ungarns bis zu den Steppen der Mongolei und Chinas.

Als der Mensch diese Steppen als Weide oder Acker zu nutzen begann, arrangierten sich die riesigen Vögel zunächst damit. Probleme bekamen sie erst, als die Landwirtschaft immer intensiver wurde. Denn da Großtrappen ständig den Horizont beobachten und oft schon bei der kleinsten Bewegung in mehr als einem Kilometer Entfernung das Weite suchen, verbrachten sie in stark genutzten Regionen bald mehr Zeit mit der Flucht als mit Fressen und Aufziehen des Nachwuchses.

„Grünes Band" für Kaiseradler

Natur an der Grenze Während des Kalten Krieges war das Sakar-Hügelland bis 1990 ein abgeschottetes Grenzgebiet am Eisernen Vorhang zwischen dem Warschauer-Pakt-Mitglied Bulgarien und dem NATO-Land Türkei. Die Intensivierung der Landwirtschaft ging an dieser Region daher weitgehend vorbei und es überlebten dort seltene Tiere und Pflanzen. Heute gleicht der gesamte ehemalige Eiserne Vorhang zwischen dem Nordkap Europas und dem Schwarzen Meer einer Perlenkette aus Naturschutzgebieten. Organisationen wie der Bund Naturschutz und Euronatur wollen gemeinsam mit Sponsoren wie der Fluggesellschaft Lufthansa diesen Streifen urwüchsiger Landschaften langfristig erhalten.

Den Küken machte zudem die dichte Vegetation auf den intensiv bewirtschafteten Äckern zu schaffen. Dort hält sich nämlich die Feuchtigkeit besser als in lockeren Pflanzenbeständen und der Trappen-Nachwuchs holt sich leicht eine Erkältung. Obendrein gibt es zwischen den dicht stehenden Halmen weniger Insekten, mit denen die Eltern den Nachwuchs groß ziehen.

Seit dem 19. Jahrhundert begann die Art daher zunehmend aus Europa zu verschwinden. 2008 schätzte BirdLife International den Weltbestand nur noch auf 31 000 bis 37 000 Vögel. Allein 23 000 davon sind in den hochgelegenen Steppen Spaniens zu Hause. Für viele andere Regionen aber sind kleine Bestände typisch. So leben die letzten 120 Großtrappen Deutschlands alle im Westen und Südwesten Brandenburgs und im äußersten Osten Sachsen-Anhalts. Heute sind die Vögel dort gut geschützt. Sogar entlang der Schnellbahntrasse von Berlin nach Hannover wurden für zwölf Millionen Euro an einem sechs Kilometer langen Streckenabschnitt sieben Meter hohe Dämme aufgeschüttet, die Großtrappen in sicherer Höhe über die gefährlichen Oberleitungen dirigieren.

Mit scharfen Augen späht der **Kaiseradler** in den Steppen Eurasiens nach Nagetieren.

Kaiseradler

Gefährdet Wenn der Geländewagen der bulgarischen Grenzpolizei langsam durch das Hügelland von Sakar mit seinen Wiesen und Steppengras-Hängen ruckelt, bewachen die Beamten nicht nur die Außengrenze der Europäischen Union zur Türkei, sondern sind auch in Sachen Artenschutz unterwegs. Gemeinsam mit der bulgarischen Organisation „Green Balkans" wollen die Grenztruppen den Kaiseradler *(Aquila heliaca)* retten, der hoch über den Köpfen von Polizisten und Naturschützern seine Kreise zieht.

Geschickt nutzt der imposante Vogel die aufsteigenden Luftströmungen, um sich immer weiter in die Höhe zu schrauben. Dieses Verhalten hat ihm in Bulgarien den Beinamen „Herr der Stürme" eingetragen. Der geflügelte Sturmbote aber ist selbst in schweres Wetter geraten, wie in anderen Teilen

Europas gingen die Bestände massiv zurück. Vor allem in den 1950er-Jahren wurden die Tiere abgeschossen oder vergiftet. Eiersammler nahmen den Nachwuchs aus den Nestern und verkauften ihn ins Ausland. Und naturnahe Wiesen, auf denen die Vögel Hasen und Igel, Eidechsen und Schlangen gefangen hatten, wurden in Äcker umgewandelt. In Bulgarien galt die Art als so gut wie ausgestorben, bis Experten von Green Balkans Ende der 1980er-Jahre doch noch ein paar Exemplare im Hügelland von Sakar entdeckten.

Mehr als 80 Prozent der 30 bis 35 Brutpaare des Kaiseradlers in Bulgarien haben ihr Nest am ehemaligen Eisernen Vorhang im Sakar-Hügelland. Die Nester stehen inzwischen während der ganzen Brutsaison unter dem Schutz der Grenzpolizei, die auf ihren Routinepatrouillen häufig auch an den Horsten nach dem Rechten sehen. Illegale Eiersammler haben da kaum Chancen. Seit die Bauern im Grenzgebiet tote Pferde und andere Tiere bei den Naturschützern abliefern, die das Fleisch dann an die Adler verfüttern, brüten die Vögel viel erfolgreicher. Die durchschnittliche Anzahl von Jungen pro Paar hat sich in Sakar durch diese Zusatzfütterung auf zwei verdoppelt.

Damit auch genügend Platz für die Kinderstuben ist, haben Adlerschützer zahlreiche heimische Pappeln an den Ufern kleiner Flüsse gepflanzt. Diese Bäume rangieren bei Bulgariens Kaiseradlern heutzutage ganz oben auf der Liste

Schmutzgeier
landen oft erst dann bei einem Kadaver, wenn sich ihre größeren Konkurrenten bereits bedient haben.

der beliebtesten Nistplätze. Ihre Vorfahren in früheren Jahrhunderten haben dagegen auch auf alten Eichen gebrütet, die einzeln inmitten der Felder standen.

Heute sind diese alten Eichen oft längst abgeholzt – obwohl sie bei den Bauern sehr beliebt waren: Bäuerinnen nahmen ihre Kleinkinder früher mangels anderer Betreuung mit zur Feldarbeit und legten sie mit Vorliebe unter eine Eiche mit Adlerhorst. Da Kaiseradler die Umgebung ihres

Spanischer Kaiseradler

Gefährdet Während man die Kaiseradler Spaniens früher nur für eine Unterart des östlichen Kaiseradlers hielt, kennen Biologen inzwischen so viele Unterschiede zwischen den Spaniern und dem Rest der Welt, dass *Aquila adalberti* als eigene Art gilt. Kaum Unterschiede gibt es dagegen bei der Bedrohung, beide Arten gelten als gefährdet, weil ihr Lebensraum zerstört wird und den Vögeln auch direkt nachgestellt wurde. In den 1960er-Jahren waren weltweit nur noch 30 brütende Paare übrig. Weil der Spanische Kaiseradler seither streng geschützt wird, brüten inzwischen wieder deutlich mehr als 100 Paare auf der Iberischen Halbinsel und der Bedrohungsstatus wurde auf „gefährdet" zurückgestuft.

Nestes gegen Füchse, Wölfe und andere Raubtiere verteidigen, galt das als sicherer Platz. Heute dagegen benötigt der Beschützer der Babys selbst Schutz, der Kaiseradler gilt weltweit als gefährdet.

Schmutzgeier

Stark gefährdet Mit dem Zwerg unter den Geiern geht es so steil bergab, dass BirdLife International den Schmutzgeier (*Neophron percnopterus*) 2007 vom bisherigen Status „ungefährdet" abrupt in die Kategorie „stark gefährdet" katapultierte. Dabei sollte es diesen gerade einmal 60 bis 70 Zentimeter großen Geiern mit der Flügelspannweite von gut anderthalb Metern eigentlich gut gehen, weil sie in Sachen Ernährung recht flexibel sind.

Da ihr Schnabel zum Aufbrechen eines Kadavers meist zu schwach ist, warten Schmutzgeier oft, bis größere Geier, Hyänen oder Löwen ihre Mahlzeit beendet haben. Mit ihrem relativ feinen Schnabel zerren sie dann auch noch die letzten Fleischfasern zwischen kleinen Knochen hervor. Systematisch durchkämmen sie zudem Müllkippen nach Fressbarem und nutzen sogar Steine als Werkzeug, um harte Straußeneier aufzubrechen. Oft begnügen sie sich auch mit toten Ratten, Eichhörnchen, Kröten oder Schlangen, an denen größere Arten wenig Interesse haben.

Die Augen eines Schmutzgeiers sind so scharf, dass er aus einem Kilometer Höhe noch einen fünf Zentimeter großen Kadaver erspäht. Weil sie ihren Teleblick aber nur in relativ übersichtlichem Gelände nutzen können, leben die Vögel meist in offenen Felslandschaften, Savannen und Steppen zwischen Südeuropa, Afrika und Südwestasien.

Überall aber gehen die Bestände zum Teil dramatisch zurück. Neben direkter Verfolgung und Vergiftung haben auch Hygienerichtlinien zum Niedergang der Schmutzgeier beigetragen. So müssen in der Europäischen Union Tierkadaver aus Furcht vor möglichen Infektionen wie BSE aus der Landschaft entfernt werden. Damit aber verschwindet dann eine tragende Säule der Ernährung der Schmutzgeier.

Griechische Landschildkröte

🐢 **Vorwarnliste** Für Artenschützer ist die Griechische Landschildkröte eine Art Wanderer zwischen den Welten: Völlig aussterben wird *Testudo hermanni* in den nächsten Jahrzehnten allein deshalb nicht, weil ungezählte Vertreter ihrer Art als Haustiere gehalten werden. In der Natur aber sieht die Sache anders aus. Im gesamten Lebensraum von Spanien bis in die Türkei nehmen die Bestände ab, etliche Populationen sind bereits erloschen. Bei anderen weiß niemand, ob die gepanzerten Tiere die nächsten Jahre überstehen. Da ist ein Platz auf der Vorwarnliste noch recht schmeichelhaft, der Status „gefährdet" rückt näher.

Die Gründe für den Schildkröten-Schwund sind überall ähnlich: Der Lebensraum der Tiere muss vielerorts Äckern, Städten oder Hotelburgen weichen. Bevor die Bagger anrücken, legen Spekulanten oft Feuer,

in dem die langsamen Schildkröten verbrennen. Selbst auf dem flachen Land ohne jegliche Bauprojekte kommen die Schildkröten häufig unter die Räder des Autoverkehrs. Und schließlich werden in manchen Gegenden noch immer illegal Schildkröten gefangen, die später in Zoohandlungen wieder auftauchen.

Kykladenviper

🐢 **Stark gefährdet** Schlangen stehen in vielen Regionen der Erde erheblich unter Druck, weil sie bei zufälligen Begegnungen mit Menschen oft als „gefährliche Bestien" empfunden werden und das Treffen nicht überleben. Viele Schlangenleben enden auch unter den Rädern des Straßenverkehrs oder

Als Haustier kriecht die **Griechische Land-schildkröte** noch häufig durch Gärten und Wohnzimmer, aus der Natur verschwindet die Art zusehends. **‹‹**

Naturnahe Viehwirtschaft gibt der **Wiesenotter** eine Chance zum Überleben.

in einem Mähwerk. Weil ihr Lebensraum sehr klein ist, verschärft sich die Situation bei der Kykladenviper *(Macrovipera schweizeri)* erheblich. Diese Schlange lebt nämlich nur auf den vier griechischen Inseln Milos, Sifnos, Kimolos und Polyegos sowie einigen kleinen Nebeninseln. Dort kriechen die höchstens einen Meter langen Reptilien über die Felsenhänge der alten Vulkane, auf denen sich ein paar Büsche festkrallen.

Seit Jahrzehnten werden die giftigen Schlangen dort gefangen und illegal an Sammler verkauft. Mit 2500 Exemplaren leben die allermeisten der letzten 3000 Kykladenvipern auf der Insel Milos. Dort sind sie vor allem durch den nach wie vor boomenden Bergbau gefährdet, bei dem Bims, Schwefel und verschiedene Erze abgebaut werden.

Wiesenotter

🐾 **Gefährdet** Die kleinste europäische Giftschlange *Vipera ursinii* erreicht ausgewachsen allenfalls einen halben Meter Länge. Menschen wird die wenig aggressive Wiesenotter kaum gefährlich. Ohnehin ist ihr Gift nur schwach, weil es sich gegen die wichtigsten Beutetiere wie Heuschrecken und Grillen richtet. Diese Beute findet das Reptil normalerweise in feuchten Wiesen, die traditionell bewirtschaftet werden.

Intensiviert der Bauer die Landwirtschaft oder legt er seine Feuchtwiesen trocken, steigert er zwar seine Erträge, verringert aber mit der Zahl der Heuschrecken und Grillen auch den Bestand der Wiesenottern. Dadurch ist die Art in vielen Regionen ihrer früheren Verbreitung von Südfrankreich bis in den Süden des Balkans und nach Rumänien und

Neben den normalen hellgrauen **Kykladen-vipern** finden sich manchmal auch dunkelgraue, braune, rote und sogar orange Exemplare auf den Kykladeninseln. **‹‹**

Moldawien längst verschwunden. Heute schlängeln sich Wiesenottern nur noch in Westfrankreich, im Apennin Italiens, in Ungarn und im südlichen Balkan durch Wiesen und über Berghänge. In Österreich, Bulgarien und wohl auch Moldawien ist diese Schlange dagegen wohl bereits ausgestorben. So erstreckt sich der völlig zersplitterte Lebensraum über große Teile des südlichen Europas, ohne dass die einzelnen Populationen noch Kontakt miteinander haben – und das gefährdet die Art natürlich weiter.

Gebirge

Die unwegsamen Regionen der Mittel- und Hochgebirge sind für viele europäische Tiere zu einer letzten Zuflucht geworden. Arten wie der Steinadler, die früher auch im Flachland zu Hause waren, haben ihre Hochburgen daher in schwindelerregende Höhen und einsame Berglandschaften verlegt. Doch selbst eine ausgesprochene Vorliebe für diese Refugien ist keine Garantie fürs Überleben.

Bartgeier

In Teilen Europas vom Aussterben bedroht Ein geflügeltes Ungeheuer schien in den Bergen sein Unwesen zu treiben. Aus der Luft stürzte es sich auf seine Opfer und entführte wahllos Lämmer und Kleinkinder. Das behaupteten jedenfalls die Schauermärchen, die sich die Menschen im Alpenraum jahrhundertelang über den Bartgeier *(Gypaetus barbatus)* erzählten. Dabei fangen die großen Greifvögel, deren Flügel eine Spannweite von drei Metern erreichen können, so gut wie nie lebende Beute. Mit Ausnahme von ein paar Schildkröten begnügen sie sich mit Aas. Doch die Gerüchte genügten, um zahlreiche Menschen zum Gewehr greifen zu lassen.

Da Bartgeier in einem sehr großen Gebiet leben, das von Asien bis nach Europa und Afrika reicht, hält die Weltnaturschutzunion IUCN die Art weltweit nicht für gefährdet. Für Europas Bartgeier aber sah es lange sehr schlecht aus. Von den einst ziemlich großen Beständen in den Alpen und fast allen südeuropäischen Gebirgen waren nur ein paar kümmerliche Reste in den Pyrenäen, auf dem griechischen Festland sowie auf Korsika und Kreta geblieben. In den Alpen waren die majestätischen Aasfresser schon Anfang des 20. Jahrhunderts ausgestorben, über ganz Europa kreisten Anfang der 1980er-Jahre nur noch knapp 200 Tiere.

Im Jahr 1978 aber starteten die die Zoologische Gesellschaft Frankfurt, die Naturschutzorganisation WWF und etliche weitere Partner in den Alpen ein internationales Wiederansiedlungsprogramm. Um die 40 Zoos, einige private Halter und das Richard-Faust-Bartgeier-Zuchtzentrum in Haringsee bei Wien schlossen

Bartgeier sind talentierte Segelflieger. Mit ihren Flügeln, die eine Spannweite von mehr als 2,80 Meter erreichen können, nutzen sie noch den kleinsten Aufwind.

Bartgeier verdanken ihren Namen den schwarzen Federn, die ihnen wie ein Schnurrbart über den Schnabel hängen. ►►

In vielen Regionen Europas hat der Mensch den **Bartgeier** ausgerottet. In den Alpen allerdings haben Naturschützer den Greifvogel wieder angesiedelt.

historisch

heute

Wiederansiedlung seit 1986

sich zu einem Zuchtnetz zusammen. Sie tauschen Vögel aus, um nicht zu eng verwandte Paare zusammenzubringen, und stellen dann deren Nachwuchs für die Auswilderung zur Verfügung.

Etliche dieser in menschlicher Obhut geschlüpften Geier wurden beispielsweise im österreichischen Nationalpark Hohe Tauern freigelassen. Ihre Reise in die neue Heimat treten die Jungtiere mit etwa drei Monaten an, wenn sie nicht mehr von ihren Eltern gewärmt und geschützt werden müssen. Fliegen können sie dann noch nicht. Das hat den Vor-

teil, dass man sie in einer sicheren Felswand aussetzen kann und sie dann erst einmal dort bleiben. Unbelästigt von menschlichen Störenfrieden können sie sich so mit ihrer neuen Umgebung vertraut machen. Schon bald klettern sie mithilfe von Schnabel und Füßen geschickt umher und holen die Knochen, die ihre menschlichen Unterstützer für sie auslegen. Bald starten sie zu den ersten Flugversuchen. In den folgenden Wochen ziehen sie dann immer weitere Kreise um die Freilassungsstelle und lernen, alleine Futter zu finden. Ende August oder Anfang September sind sie schließlich selbstständig und verlassen ihr Tal, um Hunderte Kilometer weit umherzufliegen.

Dank der Wiederansiedlungen ist der Bestand der Bartgeier in den Alpen auf etwa 140 Tiere angewachsen und entwickelt sich ausgesprochen positiv. Sieben bis acht Jungvögel wachsen jedes Jahr in freier Wildbahn auf. Und auch das Image der harmlosen Knochenfans hat sich komplett gewandelt: Mancherorts ist die angebliche Bestie zum Volkshelden geworden.

Der **Alpenbock** wird zwischen 18 und 38 Millimeter groß und hat ein auffälliges, blau-schwarzes Muster.

Alpenbock

⚜ **Gefährdet** Wenn sie in Paarungsstimmung sind, haben die Männchen des Alpenbocks *(Rosalia alpina)* für ihre Geschlechtsgenossen nichts übrig. Zwar können sich durchaus mehrere der Insekten-Romeos eine Buche teilen. Allerdings beansprucht jeder von ihnen ein eigenes Revier auf dem Stamm, bei dessen Verteidigung er keinen Spaß versteht. Er stürmt auf jeden Eindringling los, um ihn in die Flucht zu schlagen. Dann muss er nur noch warten, bis eine interessierte Partnerin angeflogen kommt.

Mit ihrem Brutgeschäft haben die dekorativen blauen Käfer mit den schwarzen Flecken allerdings zunehmend Probleme. In ihrem Verbreitungsgebiet, das von Nordafrika quer durch Europa bis in den Nahen Osten und nach Russland reicht, fehlt es vielerorts an absterbenden Buchen, die als Brutbäume in Frage kommen. Zudem haben die Weibchen eine fatale Schwäche für frisch gefällte Stämme und Brennholz. Wenn sie dort ihre Eier ablegen, wird die neue Käfergeneration oft mit dem nächsten Holztransport weggeschafft und vernichtet. Das alles hat dazu geführt, dass der Alpenbock in vielen Regionen Europas selten geworden ist.

Apollofalter

⚜ **Gefährdet** Apollofalter *(Parnassius apollo)* sind für ihr abwechslungsreiches Aussehen bekannt. Das Muster der dekorativen weißen Schmetterlinge mit den schwarzen und roten Punkten unterscheidet sich oft von Tier zu Tier. Bei Schmetterlingsfans hat sie das früher zu begehrten Sammelobjekten gemacht.

Heute leidet der Apollofalter allerdings vor allem unter dem Verschwinden seines Lebensraums. Die Tiere flattern über Wiesen und Weiden im Gebirge, wo sie nektarreiche Blüten wie Disteln oder Flockenblumen finden. Den Raupen schmecken verschiedene Arten von Fetthenne und Hauswurz, die auf Felshängen, Geröllhalden oder an den Mauern von Weinbergen wachsen. Wenn solche Lebensräume von konkurrenzstärkeren Pflanzen überwuchert werden, findet der Apollo-Nachwuchs nichts mehr zu fressen. In Weinbaugebieten hat den Tieren zudem der Einsatz von Pestiziden zu schaffen gemacht. Aus vielen Regionen Europas ist das fliegende Schmuckstück daher bereits verschwunden.

Flockenblumen sind für den **Apollofalter** eine gute Nahrungsquelle. Mit den Blüten verschwinden oft auch die Schmetterlinge.

Seen, Flüsse und Feuchtgebiete

Neben den Urwäldern haben die Menschen vor allem die Seen, Flüsse und Feuchtgebiete Europas sehr stark und nachhaltig verändert. Moore wurden trockengelegt, Flüsse zu Wasserstraßen umgebaut und Seen als Kloake, Fischzuchtbecken oder Schwimmbad genutzt. All das ist den dort lebenden Arten meistens schlecht bekommen.

Fischotter sind auch im Winter aktiv. »

Gegen die eingeschleppte Konkurrenz aus Amerika hat der **Europäische Nerz** schlechte Chancen.

Europäischer Nerz

Stark gefährdet Für den Europäischen Nerz (*Mustela lutreola*) begannen die Probleme, als Deiche die Flüsse in kerzengerade Kanäle verwandelten und die Auwälder hinter diesen Schutzwällen vertrockneten oder gleich ganz abgeholzt wurden. Wasser aber ist ein zentrales Element im Leben des Nerzes. Die zwischen knapp 30 und gut 40 Zentimeter langen Marder mit den Schwimmhäuten zwischen den Zehen leben fast ausschließlich an dicht bewachsenen Ufern von Flüssen und Seen. Dort gehen sie in der Dämmerung und nachts auf die Jagd nach kleinen Säugetieren, Fischen und Fröschen, Krebsen und Wasserinsekten. Den Tag verschlafen sie in einer Höhle, in Felsspalten oder unter Baumwurzeln.

Gewässer mit dichtbewachsenen Ufern, die solchen Unterschlupf bieten, haben aber Seltenheitswert im heutigen Europa. Während der Nerz noch im 19. Jahrhundert überall zwischen dem Norden Spaniens und dem Westen Sibiriens lebte, gibt es am Anfang des 21. Jahrhunderts im Westen des Kontinents nur noch 500 bis 1000 Tiere im Norden der Iberischen Halbinsel und wenige Hundert Nerze im Südwesten Frankreichs. Die nächsten Nachbarn sind weniger als 1000 Tiere auf den rumänischen Inseln im Donaudelta. Und dann gibt es noch ein großes Gebiet im europäischen Teil Russlands, in dem noch Nerze durch naturnahe Gewässer schwimmen. Russische Angaben, nach denen in diesem Land insgesamt noch 20 000 Nerze leben könnten, hält die Weltnaturschutzunion IUCN aber für stark überhöht.

Eine Verbesserung der Situation ist nicht in Sicht – im Gegenteil. Der Nerz-Lebensraum wird durch den Bau von Kraftwerken und die Verschmutzung der Gewässer weiter eingeengt. Und dann ist da noch der eher entfernt verwandte Amerikanische Nerz. Der hat einen viel wertvolleren Pelz als sein Vetter in der Alten Welt und wird daher auch in Europa in Käfigen von Pelzfarmen gezüchtet. Vor allem seit den 1950er-Jahren aber sind etliche dieser „Minke" aus ihrer Gefangenschaft ausgebrochen oder absichtlich freigelassen worden und breiteten sich immer weiter aus.

Der Europäische Nerz ist der größeren und kräftigeren Konkurrenz aus Übersee jedoch schlecht gewachsen. Vielerorts hat der Amerikanische Nerz den Europäischen inzwischen verdrängt. Der Status von *Mustela lutreola* als eine der am stärksten bedrohten Säugetierarten Europas scheint sich zu festigen. Mehr als ein paar Tausend Europäische Nerze sind wohl nicht mehr an und vor allem in den Gewässern des Kontinents unterwegs.

Fischotter

Vorwarnliste Gewässer mit dicht bewachsenen Ufern, an denen man sich verstecken kann – die Heimat der Fischotter *(Lutra lutra)* unterscheidet sich kaum von der des Nerzes. Und auch die Geschichte beider Arten klingt ähnlich: Seit dem Mittelalter machte der Mensch mit Hunden Jagd auf Fischotter und erstach sie mit Spießen. Der extrem dichte Pelz der Tiere galt weit über das Mittelalter hinaus als wertvolles und äußerst beliebtes Material für Mützen und Mäntel: 50 000 Haare pro Quadratzentimeter Haut isolieren auch vor beißender Kälte gut.

Auseinandersetzungen mit Artgenossen gehören beim **Fischotter** zum Alltag.

Die Haare eines **Fischotters** verhaken sich wie bei einem Reißverschluss miteinander und isolieren ihn so hervorragend.

Neben der Jagd macht dem ursprünglich fast überall in Europa, in Teilen Nordafrikas und in großen Regionen Asiens lebenden Fischotter die Zerstörung seines Lebensraumes zu schaffen. Die Schleifen vieler Bäche und Flüsse sind längst begradigt und verbaut, die Ufergehölze wurden gefällt, Feuchtgebiete trockengelegt. Zudem haben die Tiere mit Schadstoffen im Wasser zu kämpfen. Schwermetalle, Schädlingsbekämpfungsmittel und andere Chemikalien reichern sich im Körper der Fischfresser an, bis sie sich nicht mehr fortpflanzen können. Da zu allem Überfluss auch noch zahlreiche Fischotter dem Autoverkehr zum Opfer fallen, gilt die Art in einigen Ländern wie der Schweiz als ausgestorben.

Erst seit die Jagd und der Handel mit Fischotterpelzen verboten wurden und Länder wie Großbritannien, die Niederlande und Schweden erfolgreiche Wiedereinbürgerungsprogramme durchgeführt haben, ist *Lutra lutra* in Europa wieder auf dem aufsteigenden Ast. So soll es in Deutschland zu Beginn des 21. Jahrhunderts wieder rund 700 Fischotter geben, die allermeisten davon in den östlichen Bundesländern Sachsen, Brandenburg und Mecklenburg-Vorpommern. Allerdings ist das immer noch nur rund ein Prozent des ursprünglichen Bestandes.

Krauskopfpelikan

Gefährdet Weshalb der Krauskopfpelikan (*Pelecanus crispus*) auf der Roten Liste von BirdLife International als „gefährdet" geführt wird, lässt sich wohl am besten anhand der größten Brutkolonie dieser Art erklären. Sie befindet sich am Großen Prespasee im Dreiländereck zwischen Albanien, Mazedonien und Griechenland. 1100 Brutpaare kümmern sich dort um ihren Nachwuchs. Mit seinen Schilfgürteln und den armen Dörfern am Ufer mutet der Prespasee ein wenig wie ein Relikt aus dem Mittelalter an. Ein kleiner Pass führt zu einer weiten Ebene, die mit ihren Feldern und Weiden inmitten der hohen Berge und tiefen Schluchten des Balkans ziemlich fremd wirkt. „Vor 1930 plätscherten hier die Wellen des 55 Quadratkilometer großen Maliksees an die Ufer", erklärt der Hydrologie- und Biodiversitätsprofessor Spase Shumka von der Universität in Tirana. Nachdem der See trockengelegt wurde, entstanden auf seinem ehemaligen Grund die Getreidekammer und der Gemüsegarten Albaniens. Die dort lebenden Krauskopfpelikane, die vom Fischfang leben, aber mussten an den Großen Prespasee ausweichen.

Das Entwässern von Feuchtgebieten hat zwischen Südeuropa und der Mongolei vielerorts den Lebensraum der

Der **Krauskopf-pelikan** hat einen knallig-orangen Kehlsack.

Europäische Sumpfschildkröten genießen wie die meisten wechselwarmen Tiere ausgiebige Sonnenbäder. Oft liegen sie dabei auf Ästen und Felsen, die aus dem Wasser herausragen.

Krauskopfpelikane zerstört. Weltweit schwimmen heute nur noch zwischen 10 000 und 20 000 dieser bis zu 13 Kilogramm schweren und 1,80 Meter langen Vögel auf weit voneinander entfernt liegenden Gewässern. Und während am Prespasee Naturschutzmaßnahmen den Krauskopfpelikanen das Leben erleichtern und die Kolonie langsam wächst, wird andernorts weiter entwässert. Weltweit geht es mit dem Bestand von *Pelecanus crispus* daher weiter bergab.

Seggenrohrsänger

Gefährdet Noch am Anfang des 20. Jahrhunderts war der Gesang männlicher Seggenrohrsänger *(Acrocephalus paludicola)* für viele Europäer zwischen den Niederlanden und dem Westen Sibiriens die Nachtmusik schlechthin. In den Sümpfen dieser Region fingen die zehn bis zwölf Gramm leichten Vögel Heuschrecken und Spinnen. In den letzten Jahrhunderten aber wurden überall in West- und Mitteleuropa die großen Sumpfgebiete weitgehend trockengelegt – der Seggenrohrsänger verlor seine Heimat und wurde zum bedrohtesten Singvogel auf dem europäischen Festland.

Bis 1992 kannte man nur noch ein größeres Vorkommen mit rund 2500 Seggenrohrsänger-Männchen in den Biebrza-Sümpfen im Osten Polens. Ornithologen zählen meist nur Männchen, deren Schnarren und Flöten man weit hört. Die unauffälligen Weibchen dagegen entdecken selbst Spezialisten nur zufällig. Sie singen nämlich nicht und kümmern sich ganz allein um die Brut. Oft sitzen fünf oder sechs Jungvögel im Nest, die häufig von fünf oder sechs verschiedenen Vätern stammen.

Seggenrohrsänger galten als unmittelbar vom Aussterben bedroht. Dies änderte sich, als der deutsche Ornithologe Martin Flade gemeinsam mit Norbert Schäffer von der Royal Society for the Protection of Birds (RSPB) in Großbritannien und anderen Vogelkundlern im Sommer 1995 in einer abenteuerlichen Expedition die Pripjat-Sümpfe im Süden Weißrusslands genauer unter die Lupe nahm. Dort leben rund 10 000 Seggenrohrsänger-Männchen und damit rund zwei Drittel des Weltbestandes. Weitere 2500 Männchen entdeckten Mitglieder des BirdLife International Aquatic Warbler Conservation Teams in den Mooren der benachbarten

Seggenrohrsänger führen ein verstecktes Leben in den letzten Sümpfen Europas. «

Ukraine, noch einmal 500 Männchen zwitschern in der ungarischen Hortóbagy Puszta.

In Weißrussland kamen die Wissenschaftler und Naturschützer gerade rechtzeitig, hatte doch die Regierung in Minsk gerade beschlossen, die letzten großen Niedermoore Europas am Pripjat trockenzulegen. Dort sollten Bauern neue Äcker erhalten, die vom Fallout der Kernreaktorkatastrophe im ukrainischen Tschernobyl aus ihrer Heimat vertrieben worden waren. Nachdem dort jedoch der weltweit größte Bestand dieses seltenen Singvogels entdeckt wurde, handelte die Regierung Weißrusslands rasch: Die Moore und deren Randgebiete in den Pripjat-Sümpfen wurden mit massiver Unterstützung der deutschen Michael-Otto-Stiftung und des britischen RSPB effektiv geschützt.

Im Spätsommer aber macht sich der Vogel auf den Weg in den Süden und überwintert irgendwo südlich der Sahara. Da aber niemand wusste, wo der kleine Sänger genau den Winter verbringt, konnten ihn die Naturschützer in dieser Zeit auch nicht vor drohenden Gefahren bewahren. Mit modernsten Methoden wie der sogenannten Isotopen-

analyse hefteten sich die Forscher daraufhin dem Seggenrohrsänger an die Flügel und fanden das Winterquartier schließlich in den Grassümpfen rund um den Nationalpark Djoudj am Fluss Senegal. Zumindest ein Drittel aller Seggenrohrsänger auf der Erde scheinen dort in einem nur 250 Quadratkilometer großen Gebiet zu überwintern, vielleicht sind es sogar fast alle. Da auch in Afrika Sümpfe zunehmend Reis- oder Zuckerrohrfeldern weichen, müssen die Naturschützer dieses Gebiet dringend erhalten, um den seltensten Singvogel Europas vor dem Aussterben zu bewahren.

Europäische Sumpfschildkröte

Vorwarnliste Die Europäische Sumpfschildkröte (*Emys orbicularis*) lebt im Uferbereich von stillen Gewässern, aber auch der Brackwasserbereich von Flussmündungen oder sogar schlammige Viehtränken genügen den Reptilien. Solche Gewässer gibt es in ihrem Verbreitungsgebiet zwischen dem Nordwesten Afrikas und der Iberischen Halbinsel im Westen und dem Aralsee im Osten noch reichlich. Probleme hat die Europäische Sumpfschildkröte jedoch vielerorts, wenn die Fortpflanzung ansteht. Denn ihre Eier legen die Weibchen nur in Sandhügel mit sonnigen und warmen Süd- oder Südwesthängen. Da die höchstens 20 Zentimeter langen und kaum ein Kilogramm schweren Tiere auf ihren kurzen Beinen aber keine großen Strecken wandern können, sollten solche Bruthügel ganz in der Nähe des Gewässers aufragen, in dem die Sumpfschildkröte lebt. Diese Kombination aus trockenem Sandhügel und stehendem Gewässer aber ist aus Europa weitgehend verschwunden. Daher steht die Europäische Sumpfschildkröte weltweit auf der Vorwarnliste, ist aber in einigen Ländern wie zum Beispiel in Deutschland vom Aussterben bedroht.

In der Dunkelheit der Höhlengewässer des Dinarischen Karstgebirges benötigen **Grottenolme** keine Tarnfarbe.

Grottenolm

Gefährdet Kleine, rosafarbene Schlangen scheinen da durch das glasklare Wasser der Karsthöhle im Dinarischen Gebirge in Slowenien zu gleiten. Erst ein genauer Blick zeigt die vier dünnen Beinchen mit jeweils zwei oder drei Zehen an dem etwa 30 Zentimeter langen Leib. Da schwimmt keine Mini-Schlange, sondern ein Grottenolm *(Proteus anguinus)*. Die Verwandte der Salamander benötigen aber für ihr unterirdisches Leben im eiskalten Wasser kaum noch Beine. Diese haben sich daher genauso zurückgebildet wie die Augen, die für die Tiere ebenfalls nutzlos sind. In ihrer Heimat in den Karsthöhlen zwischen Slowenien und Montenegro herrscht schließlich immer Dunkelheit.

Das einst klare Wasser in diesen Lebensräumen aber enthält immer mehr Verschmutzungen. Werden über den Höhlen die Wälder abgeholzt, schwemmt der Regen viele Erdpartikel in das Wasser, zudem erreichen auch die Abwässer von Industrieanlagen über Bäche und Flüsse die Höhlen. Ohne glasklares Wasser aber endet das Leben eines Grotten-

olms meist vorzeitig. Da diese Art mit einer Lebenserwartung von deutlich mehr als 70 Jahren ein für Amphibien mehr als biblisches Alter erreicht, gefährdet die Verschmutzung der Höhlengewässer also auch die Methusalems im ewigen Dunkel.

Mallorca-Geburtshelferkröte

Gefährdet Mit den trockenen Sommern in der Serra de Tramuntana auf Mallorca kommt die Geburtshelferkröte *(Alytes muletensis)* hervorragend zurecht, indem sie sich einfach in kühle Spalten des Karstgebirges zurückzieht. Während

Keine vier Zentimeter ist die **Mallorca-Geburtshelferkröte** lang, die nur in wenigen Schluchten der namensgebenden Mittelmeerinsel vorkommt.

Die **Europäische Sumpfschildkröte** lebt auch in den nördlicheren Gebieten des Kontinents bis in die Höhe von Litauen. **«**

im Frühjahr Sturzbäche durch die Schluchten ihrer Heimat tosen, bleiben im Sommer oft nur noch klare Wassertümpel übrig, in denen die Kaulquappen dieser nur auf Mallorca lebenden Art schwimmen. Allzu viele dieser Schluchten mit dauerhaften Wasserbecken aber gibt es in der Serra de Tramuntana nicht. Das Verbreitungsgebiet der Mallorca-Geburtshelferkröte ist daher gerade einmal zehn Quadratkilometer groß. Seit dann auch noch die Vipernnatter nach Mallorca eingeschleppt wurde, für die Amphibien und ihr Nachwuchs zu den Grundnahrungsmitteln gehören, vermehren sich nur noch etwa 1000 Krötenpaare. Die Art gilt daher als „gefährdet".

Nur bei Lebensgefahr zeigt die **Rotbauch-unke** das orangerote Muster an ihrer Körperunterseite.

Laubfrosch

🐸 **In Teilen Europas stark gefährdet** Noch im 20. Jahrhundert war der Laubfrosch (*Hyla arborea*) in seinem Verbreitungsgebiet zwischen Portugal, Dänemark und der Türkei als „Wetterfrosch" bekannt. Kletterten die in einem Glas gehaltenen Amphibien auf einer Leiter nach oben, galt das als Hinweis auf sonnige Sommertage.

Tatsächlich richten sich die Tiere in der freien Natur durchaus nach dem Wetter: Nähert sich ein Hochdruckgebiet mit viel Sonnenschein, flauen meist die Winde ab und die Insekten können leichter in größerer Höhe über den Erdboden fliegen oder durchs Laubwerk krabbeln. Dann klettern die Laubfrösche ihrer Beute hinterher. In Einmachgläsern eingesperrte Amphibien folgen beim Aufstieg auf der Leiter allerdings keiner Beute, sondern wollen eher fliehen. Trotzdem mussten etliche der angeblichen Meteorologen ein trauriges Leben in Gefangenschaft fristen.

Der Rückgang der Laubfrosch-Population in der Natur aber hat andere Gründe. Werden Feuchtgebiete trockengelegt, verschwinden auch die kleinen Teiche, in denen sich die Kaulquappen zu fertigen Fröschen entwickeln. Oder es werden Fische noch in den kleinsten Gewässern ausgesetzt, die einen Kaulquappenbestand rasch verschwinden lassen. Und

Laubfrösche klettern auf der Suche nach Nahrung sehr geschickt in der Vegetation umher. Ihre Füße haften so gut, dass sie sogar Glasscheiben hochlaufen können. ▸▸

weil die Tiere eifrig zwischen verschiedenen saisonalen Lebensräumen pendeln, fallen viele beim Überqueren von Straßen einem nahenden Auto zum Opfer. In Ländern wie der Schweiz gelten Laubfrösche daher als „stark gefährdet".

Gelbbauchunke und Rotbauchunke

🐸 **In Teilen Europas stark gefährdet** Mit ihrem Rücken im braungrauen Tarnlook und einer Größe von kaum vier Zentimetern werden Rotbauchunken *(Bombina bombina)* im Gras leicht übersehen. Rückt ihnen aber jemand zu nahe auf die warzige Haut, zeigen sie knallorange oder leuchtendrote Flecken auf ihrem Bauch. Statt der Tarn- trägt die Rotbauchunke jetzt ihre Warnfarbe, die jedem Feind signalisiert: „Achtung, giftig!"

Das Gift wirkt heute genauso gut wie vor 1000 Jahren. Und doch steht die Rotbauchunke in vielen Regionen ihrer Verbreitung im Tiefland des nördlichen Mitteleuropas bis weit nach Osteuropa als „stark gefährdet" auf der Roten Liste. Denn ihr Nachwuchs findet keine Kinderstube mehr. Die Tiere benötigen kleine Gewässer, die im Sommer schon mal 30 oder 35 Grad Celsius warmes Wasser haben und in denen Algen, die Leibspeise der kleinen Kaulquappen, daher rasant wachsen. Wichtig ist auch, dass sich keine gefräßigen Fische darin tummeln. Denn während andere Amphibien Tausende von Eiern legen, schafft die Rotbauchunke höchstens 300. Bei zu vielen Feinden bleibt daher vom Nachwuchs nichts übrig.

Kleine, fischfreie Tümpel aber sind in Mitteleuropa Mangelware geworden. Oft liegen die Kinderstuben der Unken mitten auf einem Acker und bei jedem Pflügen schiebt der Bauer einen Schwung Erde hinein. Langsam füllt das Gewässer sich auf und die Rotbauchunke findet dort einen Sumpf, in dem ihr Nachwuchs keine Chancen hat.

Nicht viel anders als der Rotbauchunke geht es der Schwesterart Gelbbauchunke *(Bombina variegata)*. Sie meidet das Tiefland und lebt in den Hügeln des südlichen Mitteleuropas und Südeuropas.

Europäischer Stör

🐟 **Vom Aussterben bedroht** Der urtümliche Fisch schwamm bereits zu Zeiten der Dinosaurier in den Flüssen. Im Jahr 2007 aber lebte der Europäische Stör *(Acipenser sturio)* nur noch im Mündungstrichter der Gironde in der Nähe der französischen Stadt Bordeaux. In der Natur sind wohl bereits seit 1995 keine Störlarven mehr aus den Eiern geschlüpft. Allerdings wurden in wenigen Forschungsaquarien noch Exemplare gehalten, die im Juni 2007 zum ersten Mal erfolgreich Nachwuchs hatten. Gleich 8000 Jungstöre überlebten die ersten Wochen nach dem Schlüpfen. Je 3150 davon wurden dann Ende September 2007 in den Unterläufen der beiden Gironde-Zuflüsse Dordogne und Garonne freigelassen. Seitdem schöpfen die Störschützer wieder Hoffnung.

Noch am Ende des 19. Jahrhunderts gab es in den Flüssen Europas sehr viele Störe. Allein in der Unterelbe wurden damals jedes Jahr mehr als 4000 dieser Fische mit dem schmackhaften Fleisch gefangen. Danach aber wurden die Flüsse Europas begradigt, eingedämmt und aufgestaut. Den Stören, die zum Laichen aus dem Atlantik die Flüsse hinauf-

Der **Europäische Stör** gehört mit seiner langen Schnauze und den Knochenplatten am Körper zu einer sehr urtümlichen Gruppe von Knochenfischen.

Die **Gelbbauchunke** verschwindet, weil ihr Nachwuchs im Maul von Fischen landet, die Hobbyangler aussetzen. »

wandern, versperrten nun Wehre den Weg, während ihre Kinderstuben in mit klarem Wasser durchströmten Kiesbänken bei Begradigungen weggebaggert wurden.

Wasserverschmutzung und Überfischung gaben der Art den Rest. Da der Stör seit einem Jahrhundert aus den meisten Gewässern verschwunden war, wissen Biologen sehr wenig über die Tiere. Berichte über einst gefangene vier Meter lange und 400 Kilogramm schwere Störe scheinen zwar glaubhaft. Der typische Stör dagegen hat wohl eher zweieinhalb Meter Länge und wiegt zwischen 50 und 100 Kilogramm.

Europäischer Aal

Vom Aussterben bedroht Mit seinen weiten Wanderungen und rätselhaften Gewohnheiten gehört der Europäische Aal (*Anguilla anguilla*) zu den ungewöhnlichsten Fischen auf dem Planeten. Noch haben Wissenschaftler bei Weitem nicht alle Geheimnisse des schlangenförmigen Wasserbewohners gelüftet. Und vielleicht haben sie auch nicht mehr lange Gelegenheit dazu. Denn die Bestände des Europäischen Aals sind in den letzten Jahrzehnten massiv zurückgegangen.

Die letzten Überlebenden aber brechen wie schon immer in ihrer 50 bis 90 Millionen Jahre langen Geschichte an einem stürmischen Herbstabend zu ihrer letzten großen und entscheidenden Reise auf. Aus einem kleinen See schlängeln sich die Tiere auch einmal über eine feuchte Wiese in den nahen Bach. Dann geht es immer mit der Strömung Richtung Meer und weiter in ein Sargassosee genanntes Ozeangebiet östlich von Florida und südlich der Bermudainseln. Dort vermehren sich die Tiere das einzige Mal in ihrem Leben – und sterben danach.

Der Aalnachwuchs aber macht sich mit dem Golfstrom wieder auf den Weg Richtung Europa. Auf dieser 6000 Kilometer langen Reise, die zwischen einem und drei Jahren dauert, wachsen die Tiere zu winzigen, durchsichtigen Fischen heran. Wenn diese sogenannten Glasaale an den europäischen Küsten ankommen, sind sie zwischen fünf und sieben Zentimeter lang und nur 0,3 Gramm schwer. Sie wandern dann die Flüsse hinauf, wachsen weiter und verändern ihre Farbe. Aus dem Glasaal wird zunächst ein Gelb- und schließlich ein erwachsener Silberaal, der dann wieder in die Sargassosee zurückkehrt.

Immer weniger Europäische Aale aber schaffen diesen komplizierten Entwicklungszyklus. Nach Angaben der Naturschutzorganisation WWF ist die Zahl der Glasaale in 19 europäischen Flüssen zwischen 1980 und 1999 um

Weil der **Europäische Aal** als schmackhaft gilt, holen Fischer so viele Tiere aus dem Wasser, dass die Art aussterben könnte.

In der Medizin kommen **Blutegel** dank ihrer Blutgerinnungshemmer wieder in Mode, aus der Natur verschwinden sie. «

Flussperlmuschel

🐚 **Stark gefährdet** Flussperlmuscheln (*Margaritifera margaritifera*) benötigen naturnahe Bäche, die sich durch Wiesen und Wälder schlängeln. Seit solche Gewässer begradigt wurden, ist auch der Lebensraum für diese Muschel verschwunden. Nur unmittelbar an hermetisch abgeriegelten Grenzen wie dem Eisernen Vorhang blieb er zumindest bis 1989 erhalten.

Wenn das klare Wasser langsam durch die Schleifen fließt, kann die Flussperlmuschel Nährstoffe aus dem Wasser filtrieren. Werden jedoch die Wiesen in der Nähe gedüngt, sickern zu viele Nährstoffe in den Bach. Dann fühlen sich die Fische nicht mehr wohl, in deren Kiemen die Larven der Muscheln wachsen. Überleben die Fische, lassen sich die jungen Muscheln nach einigen Jahren in ein Sandbett fallen, das nur am Grund klarer Bäche zu finden ist. 50 und mehr Jahre kann es so dauern, bis die Muschel endlich zehn Zentimeter lang und geschlechtsreif ist. In jeder zehntausendsten Muschel wächst dann eine Perle, die der Art einst den Namen gab.

Ohne klare Bäche hat die **Flussperlmuschel** keine Überlebenschance. In Schweden werden diese Muscheln bis zu 280 Jahre alt. »

Medizinischer Blutegel

🪱 **Vorwarnliste** Jahrhundertelang galten Blutegel (*Hirudo medicinalis*) als echte Wunderheiler. Mitte des 19. Jahrhunderts exportierten allein deutsche Egelhändler zwischen 17 und 18 Millionen Tiere pro Jahr. Diese Massensammlungen sind in vielen Ländern Europas nicht spurlos an den Beständen vorübergegangen. Zudem haben Flussbegradigungen und die Intensivierung der Landwirtschaft zahlreiche Lebensräume der nützlichen Tierchen zerstört. Tümpel, stark bewachsene Seeufer und verlandende Flussarme sind vielerorts ebenso verschwunden wie die Frösche, denen frei lebende Blutegel gern ihre Nahrung abzapfen. Weltweit steht die Art, die einst in den meisten Gewässern Europas zwischen dem Atlantik und dem Ural lebte, inzwischen auf der Vorwarnliste. In Ländern wie Irland ist sie ausgestorben, in Frankreich, Belgien und Deutschland sehr selten geworden. Heute werden in Mitteleuropa Medizinische Blutegel in der Regel aus der Türkei importiert. Doch auch dort gehen die Bestände zurück.

95 Prozent und mehr geschrumpft. Eine der Ursachen für diesen Rückgang ist wohl die Fischerei. Vor allem in Portugal, Spanien, Frankreich und Großbritannien stellen Fangflotten bereits den aus dem Atlantik in die Flüsse schwimmenden Glasaalen nach.

Doch selbst die Aale, die lebend die Flussmündungen erreichen, stehen vor Problemen. Denn die zahllosen Staudämme und Schiffsschleusen an Europas Gewässern hindern sie daran, flussaufwärts zu wandern. Und dann macht auch noch der in den 1980er-Jahren aus Asien nach Europa eingeschleppte Schwimmblasenwurm den schlangenförmigen Fischen überall in Europa zu schaffen. Zwischen 60 und 80 Prozent aller Aale sind inzwischen mit dem gefährlichen Parasiten infiziert. Da er die Schwimmblase der betroffenen Tiere schädigt, müssen diese viel mehr Energie ins Schwimmen investieren als normalerweise. So aber reichen ihre Fettreserven meist nicht mehr aus, um das Laichgebiet zu erreichen.

Küsten

Das Wattenmeer an der Küste der Nordsee oder die Strände der Atlantik- und Mittelmeerküste wirken auf den ersten Blick zwar sehr natürlich. Tatsächlich aber bringen Menschen auch dort längst Tierarten an den Rand der Ausrottung: Fischer wittern in dort lebenden Arten Konkurrenz, Bauten wie Häfen und der Tourismus zerstören Brutgebiete und Lebensräume.

Mittelmeer-Mönchsrobben sind bei Fischern oft nicht sonderlich beliebt – jahrhunderte-lang galten sie als unliebsame Konkurrenz und wurden getötet.

Mittelmeer-Mönchsrobbe

Vom Aussterben bedroht Sie gehört schon lange zu den am stärksten bedrohten Arten Europas, bereits 1985 hatte die Weltnaturschutzorganisation IUCN die Mittelmeer-Mönchsrobbe *(Monachus monachus)* zu den zwölf seltensten Tierarten weltweit gezählt. Heute leben noch etwa 400 dieser bis zu 300 Kilogramm schweren und rund 2,6 Meter langen Robben, die einst an vielen Stränden des Mittelmeers, im Schwarzen Meer und an der nordafrikanischen Atlantikküste einschließlich der Kanarischen Inseln, Madeira und den Azoren zu Hause waren. Vermutlich verfolgen Menschen diese Art aber schon seit Jahrtausenden und haben sie damit an den Rand der Ausrottung gebracht. So jagten Portugiesen Mönchsrobben an der nord-afrikanischen Atlantikküste, um Öl aus ihrem Fett zu gewinnen. Die Fischer in der griechischen Ägäis erlegten Mönchsrobben dagegen, weil sie die Fischernetze zerris-sen und plünderten. Gerettet werden kann die Art wohl nur mit der Kombination

Zwergseeschwalben sind geschickte Flieger, die ihre Beute oft im Sturzflug fangen.

zweier Maßnahmen: Einerseits müssen die Menschen in der Nähe der letzten Kolonien über das Leben der Tiere und über ihre Gefährdung aufgeklärt werden, um Akzeptanz für die Mönchsrobben zu erreichen. Und zum anderen sollten große Schutzgebiete wie der Meeresnationalpark in der Inselgruppe der Nördlichen Sporaden Griechenlands den Lebensraum der Mönchsrobbe schützen. Genau auf diese Doppelstrategie setzen die Naturschutzorganisation CBD Habitat aus Spanien, Euronatur aus Deutschland und OceanCare aus der Schweiz am Cap Blanc an der Grenze zwischen Mauretanien und Westsahara. Der Erfolg kann sich sehen lassen: Laut Weltnaturschutzorganisation IUCN lebt dort mit 130 Mönchsrobben die letzte große Kolonie dieser Tiere weltweit.

Zwergseeschwalbe

In Teilen Europas vom Aussterben bedroht Da die Zwergseeschwalbe *(Sterna albifrons)* auf Sandstränden und Kiesbänken an den Küsten und Flussufern in weiten Bereichen Europas und Asiens brütet, ist die Art weltweit nicht gefährdet. Schlecht sieht es dagegen in vielen Regionen Europas aus, in denen Flüsse begradigt werden und so die Sandbänke verschwinden oder in denen der Bau eines neuen Hafens die Brutgebiete zerstört. Obendrein reagieren die nur 45 Gramm schweren Vögel sehr empfindlich auf Störungen durch Menschen, selbst Vogelbeobachter können so eine Brutkolonie nur durch ihre Anwesenheit auslöschen. So brütete die Art in Deutschland einst überall zwischen dem Bodensee und dem Wattenmeer. Heute dagegen leben die letzten 650 deutschen Brutpaare im Wattenmeer und die Art gilt in diesem Land als „vom Aussterben bedroht".

Seeregenpfeifer

In Teilen Europas vom Aussterben bedroht Zwischen 280 000 und 460 000 Seeregenpfeifer *(Charadrius alexandrinus)* an den Küsten Europas, Asiens, Nordafrikas und Amerikas lassen diese Art weltweit als nicht gefährdet erscheinen. Trotzdem aber ist der Feinschmecker mit seiner Vorliebe für Würmer, Schnecken, Insekten und Krebstiere in einigen Regionen vom Aussterben bedroht, weil zum Beispiel unaufmerksame Touristen auf seinen Nestern herumtrampeln. So zählten deutsche Naturschützer im Wattenmeer 2005 nur noch 182 Brutpaare des Seeregenpfeifers – und das mit stark abnehmender Tendenz.

Die graubraunen **Seeregenpfeifer** mit dem weißen Bauch gehören zu den seltensten Brutvögeln im Wattenmeer.

Im Mai legen **Seeregenpfeifer** drei gut getarnte Eier in eine Mulde am Boden, aus denen nach vier Wochen Brutzeit die Küken schlüpfen. »

Afrika

Savannen gehören zu den bekanntesten Lebensräumen Afrikas. In den weiten, mit einzelnen Bäumen bestandenen Graslandschaften sind zahlreiche Tierarten zu Hause.

Zwergflusspferd | 91

Afrikanische Wiege

Die Wiege der Menschheit stand in Afrika. Vor sieben Millionen Jahren gab es dort eine Gruppe von Menschenaffen, die in den feuchten tropischen Regenwäldern des Kontinents lebte. Von ihr spaltete sich vor wohl fünf oder sechs Millionen Jahren eine Linie ab, die stattdessen durch die in manchen Monaten staubtrockenen und vor Hitze flimmernden Savannen weiter im Osten wanderte. Im Lauf der Jahrmillionen entwickelte sich aus diesen auf ihren Hinterbeinen aufrecht laufenden Wesen der moderne Mensch.

Gefährliche Nachbarn

Von Afrika aus eroberten die Menschen dann nach und nach den Rest der Erde. Doch wo sie auch auftauchten, verschwanden einige Zeit später die großen Tiere. Diese hatten sonst kaum Feinde und waren auf Zweibeiner mit bisher nicht bekannten Jagdwaffen wie Speeren nicht eingerichtet. Nur in der Wiege der Menschheit hatten sie anscheinend mehr Zeit, sich an die neuen Gegner zu gewöhnen, und überlebten zumindest vorerst. Seit in Afrika aber moderne Technik verfügbar ist, sind auch dort viele große Arten wie Elefanten und Nashörner bedroht.

Elefantenweibchen sind gesellige Tiere, die in Herden zusammenleben. Wie viele Mitglieder eine solche Gruppe hat, hängt vom Nahrungsangebot ab.

Selbst an die
scheinbar lebens-
feindliche Welt
der **Wüsten** haben
sich einige Spezia-
listen der Tierwelt
angepasst.

Säbelantilope | 88

Damagazelle | 89

Äthiopischer Wolf | 84

Afrikanischer Esel | 86

Westlicher Gorilla | 64

Waldelefant | 60

Drill | 63

Mandrill | 63

Schimpanse | 69

Goliathfrosch | 91

Grevyzebra | 82

Afrikanischer Elefant | 72

Östlicher Gorilla | 64

Afrikanischer Wildhund | 74

Weißrückengeier | 83

Löwe | 76

Bonobo | 70

Spitzmaulnashorn | 80

INDISCHER

OZEAN

Mausmakis | 94
Schwarzweißer Vari | 95
Roter Vari | 95
Katta | 96
Große Makis | 96
Bambuslemuren | 98
Großer Bambuslemur | 98
Sifakas | 99
Indri | 103
Fingertier | 103
Fossa | 104

ATLANTISCHER

OZEAN

Flusspferd | 90

Gepard | 75

Goldfröschchen | 109

Südlicher Hornrabe | 83

Breitmaulnashorn | 81

Madagaskarreiher | 105
Madagaskar-Schlangenhabicht | 105

Säugetiere

Vögel

Labords Chamäleon | 106
Gespenst-Blattschwanzgecko | 107
Magagaskarboas | 108
Madagaskar-Hundskopfboa | 109

Reptilien

Amphibien

N

250 km

www.kartographie.de

Wälder

Ähnlich wie in Eurasien und Amerika sind ausgedehnte Waldregionen auch für Afrika ein prägendes Element. Anders als in vielen anderen Regionen der Welt aber trotten dort noch große Arten wie Elefanten und Büffel durchs Unterholz. Seit der Mensch zunehmend in die Urwälder zurückkehrt, aus denen seine frühen Vorfahren einst auswanderten, sind allerdings auch dort viele Arten bedroht.

Waldelefanten suchen auf Lichtungen im Regenwald das feine, weiße Gestein Kaolin, mit dem sie Giftstoffe in ihrer Nahrung neutralisieren.

Waldelefant

Gefährdet Die Ähnlichkeit in der Entwicklung von Menschen und Elefanten verblüfft: Vor sechs oder sieben Millionen Jahren trennten sich sowohl die asiatischen Elefanten von ihren afrikanischen Kollegen, als auch die Gorillas von den Urahnen der Schimpansen und Menschen. Letztere wiederum gehen seit rund fünf Millionen Jahren getrennte Wege – genau zur gleichen Zeit spalteten sich die Dickhäuter Afrikas in Wald- und Steppenelefanten auf.

Möglicherweise steckten Klimaänderungen hinter diesen Parallelen: In Teilen Afrikas wurde es trockener. Den so entstandenen Lebensraum eroberten die neuen Arten der Frühmenschen und der Steppenelefant. Zurück im Regenwald blieben die Gorillas, Schimpansen und Waldelefanten *(Loxodonta cyclotis)*. Seit der Mensch aber in den Regenwald zurückkehrt, rodet er den Lebensraum des Waldelefanten und tötet die grauen Riesen, um ihr Fleisch als Bushmeat zu verkaufen. Werden jedoch die Elefanten dezimiert, könnten langfristig auch die Edelhölzer verschwin-

den. Denn der Waldelefant schätzt ihre Früchte sehr. Angelockt von ihrem Geruch wandern die Dickhäuter bis zu 50 Kilometer weit gezielt auf diese Bäume zu, um sich den Magen mit Leckerbissen vollzustopfen. Die Samen in den Früchten passieren die Därme unversehrt und plumpsen mit dem Kot auf die Pfade, die die Elefanten in den Regenwald trampeln. Keimt der Samen, versorgt der Dung den jungen Baum gleich mit Nährstoffen. Entlang der Elefantenpfade wachsen daher oft auffallend viele Edelhölzer.

Fast 30 Prozent aller Regenwaldriesen verbreitet der Elefant auf diese Weise. Mindestens 50 Baumarten in Zentralafrika sind sogar ausschließlich darauf angewiesen: Wenn sie nicht vorher durch den Darm eines Dickhäuters gewandert sind, keimen sie erst gar nicht. Das wohl spektakulärste Beispiel dafür ist der Omphalocarbum-Baum. Seine Früchte sind nicht nur so groß wie ein Männerkopf, sie sind auch so hart wie ein menschlicher Dickschädel. Nur der Elefant knackt diese harte Nuss, indem er sie einfach mit seinem Stoßzahn durchbohrt. Der Dickhäuter sorgt so aber nicht nur für die Erhaltung der Pflanzenvielfalt im Regenwald, er mehrt gleichzeitig den materiellen Reichtum Afrikas. Denn viele der im Dung der Dickhäuter keimenden Bäume gehören zu den wertvollsten Hölzern des Kontinents.

Dieser **Waldelefant** trägt noch Spuren des letzten Bades im roten Schlamm Afrikas.

Mandrill

Gefährdet Menschliche Feinschmecker stecken hinter der Gefährdung des vielleicht farbenprächtigsten Säugetiers: Das Fleisch eines Mandrills *(Mandrillus sphinx)* bringt in Gabun Höchstpreise. Daher machen sich häufig professionelle Bushmeat-Jäger auf den Weg in den Regenwald entlang der afrikanischen Atlantikküste zwischen Kamerun und dem Südwesten der Republik Kongo. Dort leben in einem 200 bis 300 Kilometer breiten Streifen diese Paviane mit ihren auffälligen Gesichtern: Der Nasenrücken der Männchen ist von vielen Blutgefäßen leuchtend rot gefärbt. Beide Geschlechter haben rechts und links des Nasenbeins sechs Knochenfurchen, die in einem fast unwirklichen Blau schimmern, unter dem Kinn von älteren Männchen prangt ein gelber Bart.

Mit einem halben Meter Schulterhöhe wiegt ein ausgewachsenes Männchen durchaus seine 25 Kilogramm. Da lohnt sich die Jagd besonders; doch auch ein nur halb so schweres Weibchen bringt gutes Geld auf den Märkten. Wie viele Mandrille den Gourmets Zentralafrikas bisher noch entgehen konnten, weiß niemand so genau, weil sich Paviane im dichten Regenwald kaum zählen lassen. Aber da die Art wohl schon immer selten war und der Populations-

Das farbenprächtige Gesicht eines **Mandrills** taucht im afrikanischen Küstenregenwald nur noch selten auf. ««

Drill – der kleine Verwandte

Stark gefährdet Der Drill *(Mandrillus leucophaeus)* wirkt wie der kleine Verwandte des größeren Mandrills, der von allem etwas weniger abbekommen hat. Statt der leuchtenden Farben hat er ein mattschwarzes Gesicht, das als Schmuck mit einem weißen Haarkranz auskommt. Das Körpergewicht liegt rund 20 Prozent niedriger als bei den großen Mandrillen. Doch auch ein 20 Kilogramm schweres Drillmännchen bringt noch genug Geld, um dieser Art den einzigen Punkt zu bescheren, in dem sie der Verwandtschaft überlegen ist: Die Jäger haben die Drille in enger Zusammenarbeit mit den Holzfällern, die ihren Wald zerstören, so stark dezimiert, dass die IUCN die Art als „stark gefährdet" führt.

Die Haare auf dem Rücken älterer Männchen des **Westlichen Gorillas** sind oft silbergrau. Solche Patriarchen werden daher „Silberrücken" genannt.

trend seit einigen Jahren mit Sicherheit nach unten zeigt, liegt die Weltnaturschutzunion IUCN mit der Einstufung der Mandrille als gefährdete Art wohl richtig.

Westlicher Gorilla

🦍 **Vom Aussterben bedroht** Auch vor ihrer unmittelbaren Verwandtschaft in der Stammesgeschichte machen die Bushmeat-Jäger im zentralafrikanischen Regenwald nicht Halt. Auf den Märkten ist das Fleisch der großen Menschenaffen so beliebt, dass der Westliche Gorilla (*Gorilla gorilla*) von der Weltnaturschutzunion IUCN bereits als „vom Aussterben bedroht" geführt wird. Da die Weibchen bis zu 90 Kilogramm und die Männchen sogar 200 Kilogramm wiegen, ist die Jagd auf die friedlichen Pflanzenfresser ein sehr lukratives Geschäft.

Der ohnehin dezimierten Population der zwischen Kamerun und der Zentralafrikanischen Republik lebenden Westlichen Gorillas setzt eine natürliche Krankheit weiter zu: Wie Forscher vom Max-Planck-Institut für evolutionäre Anthropologie in Leipzig beobachtet haben, bahnt sich das

Ebola-Virus seit den 1970er-Jahren mit einem Tempo von 50 Kilometern im Jahr ausgehend vom Norden des Kongobeckens seinen Weg durch die Regenwälder Zentralafrikas.

Östlicher Gorilla

🦍 **Stark gefährdet** Während früher alle Gorillas einer einzigen Art zugerechnet wurden, unterscheiden Zoologen heute zwei Arten: Den Westlichen und den Östlichen Gorilla, der den wissenschaftlichen Namen *Gorilla beringei* trägt. Von diesem gibt es zumindest zwei Unterarten, von denen die Flachlandgruppe im Regenwald ganz im Osten des Kongobeckens lebt, während die Berggorillas an den Hängen der Vulkane unmittelbar im Osten ihre Blätternahrung kauen. Ganze 700 Köpfe zählt die Population dieser Berggorillas noch, die Kollegen im Flachland bringen es immerhin noch auf etliche Tausend. Und doch geben Experten der Unterart an den Vulkanhängen recht gute Überlebenschancen.

Der Grund für diesen verhaltenen Optimismus rührt aus den 1980er-Jahren. Damals ließ Bernhard Grzimek, zu die-

Berggorillas sind Vegetarier, die sich vor allem von Blättern und dem Mark verschiedener Pflanzen ernähren.

Die Weibchen der **Berggorillas** tragen ihren Nachwuchs häufig durch die Regenwälder Afrikas.

Berggorillas leben in Gruppen zusammen, die meist aus einem Männchen und mehreren Weibchen und Jungtieren bestehen. «

NIGERIA

KAMERUN

ZENTRALAFRIKANISCHE
REPUBLIK

ATLANTISCHER
OZEAN

ÄQUAT.-
GUINEA

GABUN

KONGO

DEMOKRATISCHE
REPUBLIK

KONGO

UGANDA

Bwindi-Regenwald
Virunga-Vulkane
RUANDA

zu ANGOLA

ANGOLA

N

150 km

www.kartographie.de

Das Verbreitungsgebiet der Westlichen **Gorillas** ist zwar größer als das ihrer Verwandten im Osten, ihr Fortbestand ist jedoch stärker bedroht.

Westlicher Gorilla

- Westlicher Flachlandgorilla
- Cross-River-Gorilla

Östlicher Gorilla

- Östlicher Flachlandgorilla
- Berggorilla

ser Zeit der Präsident der Zoologischen Gesellschaft Frankfurt (ZGF), im Kongo Lodges bauen, aus denen Touristen zu Gorilla-Touren aufbrechen konnten. Genau wie in den Nachbarländern Ruanda und Uganda boomte bald der Menschenaffen-Tourismus und die ZGF schien eines ihrer Ziele erreicht zu haben: Schützen lassen sich die letzten Berggorillas der Welt nur, wenn die Menschen in der Umgebung von den Tieren profitieren.

In den Nachbarländern Ruanda und Uganda sind die Gorillas heute ein wichtiger Wirtschaftsfaktor: Rund 500 US-Dollar zahlt dort ein Tourist, um nach schweiß-

treibendem Marsch durch den Bergregenwald einem Gorilla zu begegnen. Das ist eine Menge Geld in einem Land, in dem ein Nationalparkwächter im Monat zwischen 30 bis 150 US-Dollar verdient. Wenn ein Gorilla im Jahr durchschnittlich 250-mal von einem Touristen besucht wird, hat allein dieses Tier bis zum Gorilla-Pensionsalter von 35 Jahren mehr als vier Millionen US-Dollar eingebracht. Die mehr als 210 Berggorillas, die an den zum Kongo gehörenden Hängen der Virungavulkane leben, wären demnach für die Volkswirtschaft des Landes rund eine Milliarde US-Dollar wert.

In Ruanda und Uganda sind derartige Gorilla-Touren bereits ein Jahr im Voraus ausgebucht. Die ZGF hofft daher, dass nach dem Ende des Bürgerkriegs im Osten des Kongo auch dort die Berggorillas wieder zu einem großen Hoffnungsträger für die Wirtschaft der Region werden könnten. Da die Menschen dort außerhalb der Natur kaum eine Chance zum Geldverdienen haben, könnten die Lodges aus den 1980er-Jahren erneut Touristen anlocken. Und solche wirtschaftlich guten Aussichten dürften allemal ein Grund sein, für das Überleben der Berggorillas zu sorgen.

Schimpanse

Stark gefährdet Eigentlich sind die Früchte in den Nimba-bergen in Guinea ein gefundenes Fressen für die Schimpansen *(Pan troglodytes)* im Regenwald. Wenn nur der Lecker-bissen nicht die Größe eines Basketballs hätte und sich noch dazu wegen der vielen Fasern kaum etwas davon abbeißen ließe. Die Menschenaffen aber zögern nicht lange und lösen das Problem mit einfachen, aber äußerst effektiven Hilfsmit-teln: Ein Stein wird zum Hammer, ein zweiter zum Amboss.

Seit die britische Verhaltensforscherin Jane Goodall in den 1960er-Jahren im Gombe-Nationalpark in Tansania zum ersten Mal Schimpansen beim Verwenden von Werk-zeugen beobachtete, haben diese Affen ihr hand-werkliches Geschick immer wieder unter Beweis gestellt. Sie verwenden Blätter als kleine Schau-feln, mit denen sich schmackhafte Termiten viel einfacher aufsammeln lassen als mit schlanken Schimpansenfingern. Und im Südosten des Senegal stoßen ihre Artgenos-sen sogar Holzstöcke wie Speere in Astlöcher, in denen sie kleinere Säugetiere vermuten. Forscher wissen heute: Um die 20 verschie-dene Werkzeuge benutzen die Schimpan-sen Afrikas regelmäßig.

Dabei verwenden die Tiere manchmal verschiedene Materialien

Schimpansen gehören zu den nächsten Verwandten des Menschen. Ihr Verhalten und ihre Körpersprache erin-nern daher häufig an unsere eigene Art.

Auch wenn der Nachwuchs der **Schimpansen** schon etwas größer ist, lässt er sich noch gerne tragen. ≫

zum gleichen Zweck. So lassen sich Hammer und Amboss auch aus hartem Holz konstruieren, wenn gerade keine Steine zur Verfügung stehen. So viel Flexibilität legt ansonsten nur der Mensch an den Tag. Umgekehrt stellen Schimpansen und Menschen auch aus einem einzigen Material Werkzeuge für völlig unterschiedliche Zwecke her. Die Affen haben zum Beispiel schon längst entdeckt, dass sich Blätter hervorragend als Serviette eignen, sich damit allerdings auch allerlei Schmackhaftes aus einem Tümpel oder Bach fischen lässt. Oder man kann sie zu einer Art Schwamm zusammenpressen, um damit Wasser aus einem Baumloch zu holen.

Trotz dieses geschickten Werkzeuggebrauchs aber sind Schimpansen eine stark bedrohte Art: Die wachsende menschliche Bevölkerung holzt ihren Lebensraum Regenwald ab oder verwandelt ihn in Plantagen, in denen die Tiere nicht mehr genug Nahrung finden. Genau wie andere Affen wandern die nächsten Verwandten des Menschen auch häufig als Bushmeat auf die Märkte in den Städten des Regenwalds. Nicht zuletzt fordern schließlich auch noch Ebola-Epidemien ihre Opfer und treiben eine ohnehin bereits dezimierte Population wieder ein Stück näher an den Rand der Ausrottung.

Bonobo

 **Stark gefährdet** Genau wie bei den Gorillas kennen Zoologen inzwischen auch bei den Schimpansen zwei unterschiedliche Arten: Neben dem allgemein bekannten Schimpansen gibt es noch den Bonobo *(Pan paniscus),* der manchmal auch „Zwergschimpanse" genannt wird, obwohl er kaum kleiner als sein Verwandter ist und nur einen etwas zierlicheren Körperbau hat.

Anders als Schimpansen ernähren sich Bonobos hauptsächlich von Früchten des Regenwalds. Da sie diese mit ihren Händen problemlos ernten können, scheinen sie in der Natur keine Werkzeuge zu verwenden. Bonobos leben ausschließlich in der Mitte und im Süden der Demokratischen Republik Kongo. Trotz aller Unterschiede haben sie die gleichen Probleme wie Schimpansen und stehen als „stark gefährdet" in den Artenschutzlisten: Menschen vernichten ihren Lebensraum und jagen Bonobos als Bushmeat. Und immer wieder wüten Ebola und andere Krankheiten in den ohnehin dezimierten Beständen.

Bonobos bringen ihrem Nachwuchs von Generation zu Generation bei, welche Pflanzen des afrikanischen Regenwalds schmackhaft sind.

Gras- und Buschland

 Der Unterschied zwischen den Landschaften östlich und westlich des afrikanischen Grabenbruchs mit seinen Vulkanketten und riesigen Seen könnte kaum dramatischer sein. Während im Westen undurchdringliche Regenwälder das Flachland und die Berghänge bedecken, unterbrechen im Osten nur einzelne Baumgruppen oder dürre Trockenwälder die ausgedehnten Grasländer, die Savannen.

Auch noch so kleine Schlammlöcher nutzen **Afrikanische Elefanten** zum Baden und Spielen. »

Weil der **Afrikanische Elefant** vor allem in den Grasländern im Osten und Süden des Kontinents lebt, wird er auch Steppenelefant genannt.

Afrikanischer Elefant

Gefährdet Der uneingeschränkte Herrscher der Savannen ist der afrikanische Steppenelefant *(Loxodonta africana)*. Genau wie seine Verwandten im Regenwald Afrikas kennt auch er nur einen großen Feind: den Menschen. Was aber Wilderer anrichten können, zeigten die 1980er-Jahre drastisch. Damals starben auf dem Höhepunkt der Elfenbeinwilderei am Ende des Jahrzehnts jedes Jahr 7,4 Prozent aller Elefanten durch illegale Abschüsse. Jährlich 70 000 getötete Dickhäuter veranlassten die Weltgemeinschaft, ab dem Jahr 1989 ein rigoroses Handelsverbot für Stoßzähne zu erlassen.

Die Wirkung dieses Handelsverbots beschreibt Rod Tether, der im Nationalpark North Luangwa im Norden Sambias das kleine Safaricamp Kutandala leitet und Touristen zu Fuß bis auf wenige Schritte zu den dort lebenden Elefanten führt: „In den 1980er-Jahren wimmelte es in North Luangwa und dem benachbarten South Luangwa von Wilderern, jedes Jahr wurden rund 1000 Elefanten getötet. 1987 lebten in North Luangwa nur noch 300 der friedlichen Dickhäuter. Seit dem Handelsverbot für Stoßzähne aber hat sich der Bestand wieder erholt, im Jahr 2010 trompeten allein in North Luangwa wieder 1500 Elefanten."

Der Tourismus profitiert von dieser Entwicklung, denn eine Safari ohne Elefanten ist für viele Besucher nun einmal weniger interessant. Also unterstützen die Betreiber

Handelsabkommen CITES

Handelsschranken für bedrohte Arten Nach dem Verlust von Lebensräumen ist der Handel die zweitwichtigste Ursache für das Aussterben von Arten. Machen Kunsthandwerker den Stoßzahn eines Elefanten zum begehrten und gut bezahlten Schmuckstück, werden die Dickhäuter eben rasch weniger. Wer den internationalen Handel mit Produkten gefährdeter Arten kontrolliert, regelt oder ganz unterbindet, hat also auch die Chance, die Ausrottung dieser Arten zu verhindern. Genau das ist die Grundlage des Handelsabkommens „Convention on International Trade in Endangered Species of wild Fauna and Flora" oder kurz CITES. Dieses Abkommen wurde 1973 in der amerikanischen Hauptstadt Washington ausgehandelt und heißt daher auch Washingtoner Artenschutzübereinkommen. Alle zweieinhalb Jahre treffen sich die Vertreter der Vertragsstaaten, um diese Handelseinschränkungen für bedrohte Arten und den aus ihnen hergestellten Produkten abzustimmen. Für Artenschützer ist CITES so zu einem der wichtigsten Werkzeuge zur Rettung bedrohter Arten geworden.

Afrikanische Wildhunde jagen oft im Rudel und fressen ihre Beute anschließend auch gemeinsam.

der Safaricamps aus eigenem Interesse den Staat im Kampf gegen die Wilderei, zehn Prozent ihrer Umsätze fließen direkt an die sambische Naturschutzbehörde ZAWA. Auch für die Volkswirtschaft ist das gut investiertes Geld. Schließlich sind Fotosafaris in Sambia wie in etlichen anderen Regionen Afrikas zum wichtigen Wirtschaftsfaktor geworden.

Seit 2007 flammt die Wilderei allerdings vielerorts wieder auf. Damals hatte die Staatengemeinschaft Ländern wie Südafrika, Botsuana und Namibia den Handel mit dem Elfenbein wieder erlaubt, das von natürlich verendeten Elefanten oder aus dem „Culling" stammt. Damit bezeichnen Südafrikaner den legalen Abschuss von Elefanten, die sich in einem Nationalpark zu stark vermehrt haben. Eine solche Überbevölkerung aber gibt es nur in wenigen Reservaten vor allem im Süden und auch im Osten Afrikas. In anderen Regionen dagegen sind die Elefanten weit von einer Überbevölkerung entfernt. Genau dort aber hat die Lockerung des Handelsverbots die Wilderer wieder auf den Plan gerufen.

Besonders viel Schaden richten sie in Ländern an, in denen die Staatsmacht schwach ist oder die Unterstützung durch Tourismus oder internationale Organisationen fehlt. So hat die Zoologische Gesellschaft Frankfurt rund 20 Jahre nach dem Ende des legalen Elfenbeinhandels aus der Luft beobachtet, wie große Karawanen das wertvolle Material tonnenweise aus dem Osten der vom Bürgerkrieg geschüttelten Demokratischen Republik Kongo in Richtung Sudan transportierten. Auch in Simbabwe, das ebenfalls am Rande eines Bürgerkrieges stand, stieg in dieser Zeit die Elfenbeinwilderei massiv an.

Internationale Verbrecherbanden verschiffen das Elfenbein nach China, Japan und in die USA, um in Form von Stempeln, Kunstschnitzereien oder luxuriösen Messer- und Gewehrgriffen auf dem Schwarzmarkt wieder aufzutauchen. Diesen Handel, so ist der Sambier Rod Tether überzeugt, können nur öffentlicher Druck und Maßnahmen gegen die Wilderei unmittelbar im Lebensraum der Elefanten unterbinden.

Afrikanischer Wildhund

Stark gefährdet Gleich auf drei Wegen nehmen die Menschen im südlichen und östlichen Afrika den Wildhund (*Lycaon pictus*) in die Zange. Zum einen engt die wachsende Bevölkerung der Länder zwischen Kenia und Südafrika den Lebensraum der Tiere zunehmend ein. Zweitens wird auf die Vierbeiner oft als Nahrungskonkurrenten Jagd gemacht. Und schließlich übertragen Hunde und andere Haustiere tödliche Krankheiten auf Wildhunde, weshalb deren Bestand im 20. Jahrhundert besonders drastisch abnahm. Heute streifen nur noch 3000 bis 5500 dieser Raubtiere durch Afrika.

Eine der Achillesfersen der Wildhunde ist wohl ihre Sozialstruktur: Die Tiere jagen ihre Beute im Rudel, während ein ausgewachsener Artgenosse bei den Welpen bleibt und sie gegen Löwen und Hyänen verteidigt. Dieses System klappt gut, solange mindestens sechs erwachsene Tiere im Rudel leben. Denn nur fünf oder mehr Erwachsene können die Beute auch gegen Löwen und Hyänen verteidigen und ausrei-

chend Fleisch zum Babysitter und den Welpen zurück-
schleppen. Sind nur vier oder weniger Hunde gemeinsam
auf der Jagd, kehren sie oft mit leeren Fängen zurück. Wenn
stattdessen aber das ganze kleine Rudel zur Jagd aufbricht
und die Welpen allein zurücklässt, fällt der Nachwuchs rasch
Hyänen oder Löwen zum Opfer. Unterschreitet ein Rudel
einmal die kritische Größe von sechs erwachsenen Tieren,
kann es also in einen tödlichen Kreislauf geraten. In löwen-
und hyänenreichen Regionen wie der Serengeti im Norden
Tansanias verschwindet es dann oft rasch.

Gepard

Gefährdet Der Gepard (*Acinonyx jubatus*) galt unter Arten-
schützern lange als hoffnungsloser Fall. Die Art habe einfach
zu viele genetische Probleme und könne sich daher nicht
mehr richtig fortpflanzen, lautete die vernichtende Diagnose.
Das gilt aber nur für Zoos, hat die Schweizer Zoologin Bet-
tina Wachter vom Leibniz-Institut für Zoo- und Wildtierforschung (IZW) in Berlin 2010 herausgefunden: In Namibia
bekommen frei lebende Geparde dagegen gut Nachwuchs
und 80 Prozent ihrer Jungen werden erwachsen.

Schwierigkeiten haben allerdings Artgenossen, die in
großen Gehegen auf Farmen leben, sich dort aber nicht
fortpflanzen dürfen. Bereits bei vier Jahre alten Weibchen
zeigte die Ultraschalluntersuchung Veränderungen an den
inneren Geschlechtsorganen, die künftigen Nachwuchs verhindern. Da die Forscher auch die Stresssituation von
Geparden in der Natur und in Gehegen maßen und
kaum Unterschiede fanden, müssen diese Fort-
pflanzungsprobleme andere Ursachen haben.

Sehr wahrscheinlich spielt dabei die er-
zwungene Enthaltsamkeit eine Rolle. In der
Natur werden weibliche Geparde rasch
trächtig, sobald sie fortpflanzungsfähig
sind. Steht der Nachwuchs auf eigenen

Mit einem Sprinttempo von über 100 Kilometern pro Stunde ist der **Gepard** das
schnellste Landtier der Erde.

Beinen, paart sich ein Weibchen meist kurz darauf erneut.
Verhindert der Mensch aber den Nachwuchs oder wartet zu
lange mit der Zucht, reifen in erwachsenen Weibchen lau-
fend neue Eizellen, bis der vorhandene Vorrat aufgebraucht
ist. Außerdem verändern sich bei Tieren, die sich noch nicht
fortgepflanzt haben, die inneren Geschlechtsorgane. Dadurch werden die Weibchen oft schon in mittleren Jahren
unfruchtbar.

In freier Natur dagegen liegt es wohl
nicht an genetischen Problemen,
dass die gefleckten Katzen als gefährdet gelten und ihre Zahl abnimmt.
Vielmehr töten im Süden Afrikas die
Farmer viele Geparde, weil sie um ihre
Herden fürchten. Dabei vergreifen sich
die schnellsten Landraubtiere der
Welt nur selten an Vieh. Im Osten
Afrikas spielt wohl der Verlust an Lebensräumen
mit ausreichend
Beute eine wich-
tige Rolle.

Das Statussymbol eines männlichen **Löwen** ist seine Mähne. Der Kopfschmuck dient dazu, die Weibchen zu beeindrucken und Rivalen einzuschüchtern. »

Löwen sind die einzigen Katzen mit einem echten Hang zur Geselligkeit. »»»

Löwinnen bekommen zwischen einem und vier Jungen, die sie sechs bis acht Wochen lang säugen.

Löwe

Gefährdet Selbst vor dem „König der Tiere" macht das durch Menschen ausgelöste Artensterben keinen Halt. Die IUCN stuft den Löwen (Panthera leo) bereits seit den 1990er-Jahren als gefährdet ein. Damit setzt sich ein Abstieg weiter fort, der bereits mit dem Ende der Eiszeit begann.

Damals brüllten Löwen in großen Teilen der Welt. Die Art war vom Westen Südamerikas über Nordamerika und Sibirien genauso zu Hause wie in weiten Teilen Asiens, Ost-, Mittel- und Südeuropas und natürlich Afrikas. Am Ende der Eiszeit verschwand der König der Tiere dann aus Amerika und danach langsam auch aus Europa: Vor 10 000 Jahren lebten noch Löwenrudel im Norden des heutigen Spaniens,

vor 5000 Jahren jagten sie noch im heutigen Ungarn. Auf dem Balkan konnten die alten Griechen noch häufig Löwen beobachten. Die letzte der großen Raubkatzen in dieser Region dürfte im 1. Jahrhundert n. Chr. in Nordgriechenland erlegt worden sein. Dabei könnte es sich um den letzten Höhlenlöwen (Panthera leo spelaea) gehandelt haben, die zur Eiszeit im Norden Europas und Asiens verbreitet waren.

Im 20. Jahrhundert schrumpfte das Reich der Löwen weiter. In den 1940er-Jahren wurde die Art in Nordafrika ausgerottet, im Lauf des Jahrhunderts verschwand sie auch aus fast allen Regionen Asiens. Damit aber war der Negativtrend noch nicht gestoppt. Die IUCN schätzt, dass sich allein im letzten Jahrzehnt des 20. und im ersten Jahrzehnt des 21. Jahrhunderts der Bestand um 30 bis 50 Prozent verringert hat. Das Gebrüll von

Asiatischer Löwe

Stark gefährdet Gerade noch 175 ausgewachsene Löwen der Unterart Panthera leo persica zählt die IUCN weltweit. Alle leben in vier Gebieten im indischen Bundesstaat Gujarat. Bedroht ist der Asiatische Löwe vor allem durch Wilderei. Wird diese aber eingedämmt, sollte er eine gute Überlebenschance haben. Die einstige Verbreitung zwischen den Küstenwäldern Nordafrikas und dem Osten Indiens wird er aber kaum wieder erreichen.

rund 20 000 Löwen dürfte 2010 noch durch die Nächte der afrikanischen Länder südlich der Sahara gehallt sein. Als Grund für den kontinuierlichen Rückgang beim König der Tiere gibt die IUCN vor allem die Löwenjagd an.

Spitzmaulnashorn

Vom Aussterben bedroht In den 1980er-Jahren wimmelte Afrika von Wilderern, die es auf die Hörner der Nashörner abgesehen hatten. Damals lebten noch um die 5000 Spitzmaulnashörner *(Diceros bicornis)* in den beiden benachbarten Nationalparks North und South Luangwa im Nordosten Sambias. Bis 1987 waren die im Englischen „Rhinos" genannten Dickhäuter dann in Sambia ausgerottet. Im Rest Afrikas

Spitzmaulnashörner ernähren sich vor allem von Zweigen. Selbst vor dornigen Gewächsen schrecken sie dabei nicht zurück.

war die Situation ähnlich, insgesamt trotteten am Anfang der 1990er-Jahre weniger als 2500 Nashörner über die Savannen des Kontinents. „Der North Luangwa Nationalpark aber war noch immer optimales Rhino-Land", erklärt Rod Tether, der das kleine Kutandala Camp in diesem abgelegenen Nationalpark führt.

Die Zoologische Gesellschaft Frankfurt sah das ähnlich und begann, das Spitzmaulnashorn nach Sambia zurückzubringen. Seit 2003 landeten auf einer Staubpiste im Nationalpark North Luangwa immer wieder Transportmaschinen vom Typ Hercules, die insgesamt 25 Nashörner in das Gebiet flogen. Seither behalten Scouts die Tiere im Auge und zählten bis 2010 drei Todesfälle und fünf Geburten unter den Dickhäutern.

Erfolg kann das Projekt allerdings nur haben, wenn die Wilderei auf Dauer verschwindet. Und das ist noch kei-

Mit ihrem breiten Maul weiden **Breitmaulnashörner** ähnlich wie ein Rasenmäher die Savannen Afrikas ab.

neswegs gesichert, immerhin kann ein einziges Horn bis zu einer Million US-Dollar einbringen. „Drei Maßnahmen gegen die Wilderei sind nötig", erklärt Christiaan Liebenberg, der im Nationalpark Lower Zambesi das luxuriöse Chongwe River Camp betreibt: „International muss der Handel mit den Hörnern auf Dauer verboten bleiben. National muss die Wilderei entschieden bekämpft werden. Und gleichzeitig müssen die Wilderer Chancen bekommen, ihren Lebensunterhalt anderweitig zu verdienen."

Eine dieser Chancen ist ein Job als Scout, der Safari-Touristen nicht nur bis auf zwei oder drei Meter an die Löwenrudel heranführt, sondern auch Flora und Fauna hervorragend erklärt. Ein Scout aber verdient viel mehr als andere Sambier. „Wer als Scout arbeitet, wird nie mehr als Wilderer leben wollen, sondern die Wilderei bekämpfen", erklärt Dave Dower, der direkt am Ufer des gewaltigen Sambesi das Sausage Tree Camp managt.

Robin und Jo Pope wiederum betreiben im Nationalpark South Luangwa nicht nur drei Luxuscamps für Touristen, sondern gehen noch einen wichtigen Schritt weiter. Ihr Unternehmen Robin Pope Safaris steckt jedes Jahr eine erkleckliche Summe in den Bau und Ausbau der staatlichen Schule im nahe gelegenen Dorf Kawaza. So kommen Bildung und Aufstiegschancen auch auf das flache Land – und das Spitzmaulnashorn könnte zum Motor einer guten wirtschaftlichen Entwicklung werden.

Breitmaulnashorn

Vorwarnliste Noch dramatischer als beim Spitzmaulnashorn verlief die Entwicklung beim Breitmaulnashorn (Ceratotherium simum). Da die bis zu dreieinhalb Tonnen schweren Bullen dieser Art weniger aggressiv als andere Nashörner sind, lassen sie sich leichter jagen. Bereits 1893 galt die südliche Unterart Ceratotherium simum simum als ausgerottet. Dann aber wurden in der Provinz KwaZulu-Natal in Südafrika doch noch etwa 20 Überlebende gefunden. Streng geschützt wurde der Bestand wieder aufgepäppelt. Heute gibt

es wieder 17 000 Südliche Breitmaulnashörner, weshalb die gesamte Art „nur" noch auf der Vorwarnliste der gefährdeten Arten steht.

Während das Südliche Breitmaulnashorn einst zwischen Angola, Simbabwe und Südafrika das Gras der Savannen abweidete, war die nördliche Unterart *Ceratotherium simum cottoni* zwischen dem Kongo und dem Sudan zu Hause. Sie wurde allerdings zu Beginn des 21. Jahrhunderts von Wilderern in der Natur ausgerottet. In menschlicher Obhut lebten 2009 noch acht Tiere dieser Unterart, die damit als seltenstes Großsäugetier der

Welt gilt. Die letzten vier noch fortpflanzungsfähigen Exemplare weiden seit Dezember 2009 in einem kleinen, gut bewachten Reservat in Kenia. Nur wenn diese Tiere Nachwuchs bekommen, hat die Unterart noch eine Chance zu überleben.

Grevyzebra

Stark gefährdet Die Konkurrenz mit den Viehherden der Menschen hat das Grevyzebra *(Equus grevyi)* an den Rand des Aussterbens gebracht. Einst weidete diese Art zwischen Ägypten und Ostafrika, wurde aber im Norden des Kontinents schon in der Antike ausgerottet. Im Süden dagegen gräbt der Mensch den gestreiften Huftieren heute zunehmend wortwörtlich das Wasser ab: Einige Flüsse speisen mittlerweile so große Bewässerungssysteme, dass die Zebras in der Trockenzeit nicht mehr genug Wasser finden. Zudem grasen die Rinderherden der Viehzüchter die Savannen so massiv ab, dass für die Zebras nicht mehr genug Futter bleibt. Ganze 2000 Grevy-

Weißrückengeier sind Aasfresser und gelten daher als Gesundheitspolizei der afrikanischen Savannen.

Mit Staubbädern werden **Grevy-zebras** einige Parasiten los, die auf ihrer Haut leben. «

Der **Südliche Hornrabe** kann eine Renngeschwindigkeit von bis zu 30 Kilometern pro Stunde erreichen, was seiner Flugge-schwindigkeit kaum nachsteht.

zebras traben daher noch durch Kenia. Daneben lebt die Art heute nur noch in Äthiopien. Dort aber haben Wilderer den Bestand auf wenig mehr als 100 Zebras dezimiert.

Weißrückengeier

🦅**Vorwarnliste** Wo auch immer in Afrika südlich der Sahara auf Savannen oder im Farmland Aas liegt, dauert es nicht lange, bis bräunlich-graue Weißrückengeier *(Gyps africanus)* in Scharen auftauchen. Selten scheinen diese Aasfresser nicht zu sein. Und doch führt die IUCN sie auf der Vorwarnliste der gefährdeten Arten, ist doch der Bestand am Ende des 20. und am Anfang des 21. Jahrhunderts dramatisch ge-schrumpft. Auch in Afrika werden nämlich immer mehr Savannen in Farmland umgewandelt. Dadurch gibt es weni-ger wildlebende Huftiere und auch weniger Aas, das die Tiere fressen könnten. Daneben werden die bis zu sieben

Kilogramm schweren Vögel von Wilderern geschossen. Viele fallen auch Vergiftungen zum Opfer, weil sie mit dem Tier-arzneimittel Diclofenac behandelte Kadaver gefressen haben.

Südlicher Hornrabe

🦅**Gefährdet** Groß wie eine Gans, mit schwarz schillerndem Gefieder und einem leuchtend roten Gesicht – der Südliche Hornrabe *(Bucorvus cafer,* auch *Bucorvus leadbeateri)* gehört zu den beliebtesten Motiven bei Fotosafaris. Im Jahr 2009 galt die Art noch als ungefährdet. Da aber Savannen häufig in Farmland umgewandelt werden, in dem die Vögel kaum noch Nahrung – große Insekten, Nagetiere und kleine Schlangen – finden, brechen die Bestände in Südafrika, Botsuana und Kenia massiv ein. Daher hat die IUCN die Art 2010 auf der Roten Liste gleich um zwei Stufen schlechter eingestuft; nur in Sambia scheint sie weniger rasch zurückzugehen.

Gebirge

Die Stars der afrikanischen Tierwelt leben in den Wäldern und den Savannen des Kontinents. Doch Afrika hat auch andere interessante Lebensräume zu bieten. Hochgebirgsregionen finden sich im Atlasgebirge im Norden und in Bergmassiven wie dem Kilimandscharo oder dem Mount Kenia im Osten. Auch das Hochland Äthiopiens besitzt ein harsches Klima und eine karge Vegetation.

Wie alle Mitglieder der Hundeverwandtschaft nimmt auch der **Äthiopische Wolf** viele wichtige Informationen über seine Umwelt mit der Nase auf.

Äthiopischer Wolf

Stark gefährdet Die Schauergeschichten, die in vielen Regionen der Welt über Wölfe kursieren, dürften den Bauern im Äthiopischen Hochland abstrus vorkommen – die Raubtiere hält dort niemand für gefährlich. Selbst wenn die Wölfe mitten durch die Herden schleichen, beeindruckt die Hirten das wenig. Denn der Äthiopische Wolf *(Canis simensis)* interessiert sich in der Regel nicht für Vieh. Er nutzt die Herden nur als Deckung, um sich an Nagetiere heranzupirschen. Anders als in Europa gibt es in Äthiopien daher wenig Konflikte zwischen Wölfen und Menschen.

Trotzdem ist der Äthiopische Wolf stark gefährdet. Noch vor 100 Jahren gab es allein in der Region des Bale-Nationalparks schätzungsweise 1000 Tiere, in den 1970er-Jahren waren es immerhin noch 600. Mittlerweile sollen in ganz Äthiopien nur noch etwa 600 Exemplare leben, etwa 350 davon in Bale. *Canis simensis* gehört damit zu den gefährdetsten Raubtieren der Welt, kommt er doch in keinem anderen Land der Erde vor.

Äthiopische Wölfe haben sich einen relativ kargen Lebensraum ausgesucht, der allerdings reichlich Nagetiere als Beute bietet.

Äußerlich erinnert der Gebirgsbewohner mit seinem roten Fell eher an einen größeren Fuchs mit langen Beinen als an einen Wolf. Gerade einmal 18 bis 20 Kilogramm bringt er auf die Waage. Da sind seine europäischen Verwandten mit 30 bis 50 Kilogramm deutlich schwerer. Doch einen massigen Körper muss man eben auch ernähren können. Große Beutetiere aber stehen im Hochland Äthiopiens nicht zur Verfügung. Was es dagegen im Überfluss gibt, sind Nagetiere. Im Bale-Nationalpark kommen auf jeden Quadratkilometer Land etwa drei Tonnen Ratten, Mäuse und andere Nager. Einer so kleinen Beute gemeinsam nachzustellen, lohnt sich natürlich nicht. Also leben die Äthiopischen Wölfe zwar wie ihre Verwandten in anderen Teilen der Welt in Rudeln zusammen, auf die Jagd aber geht jeder für sich.

Heutzutage ist der Tisch allerdings nicht mehr so reich gedeckt wie früher. Denn die Felder der Bauern schieben sich immer höher ins Gebirge hinauf, sodass die nagetierreichen Grasflächen weichen müssen. Dies ist einer der Gründe dafür, dass die Bestände der Wölfe so stark geschrumpft sind. Das größte Problem aber sind Krankheiten wie Tollwut und Staupe, die von den Hunden der Hirten eingeschleppt werden. Mit Impfkampagnen versuchen Mitarbeiter der Zoologischen Gesellschaft Frankfurt daher, das Überleben der ungewöhnlichen Jäger auf vier Beinen zu sichern.

Wüsten und Halbwüsten

Die Sahara ist die größte Trockenwüste der Erde. Von der Atlantikküste bis zum Roten Meer erstreckt sich die karge Landschaft aus Fels, Geröll und Sand über neun Millionen Quadratkilometer – einer Fläche ungefähr so groß wie die USA. In diesem ganz besonderen Habitat können nur echte Spezialisten unter den Tieren und Pflanzen überleben.

Afrikanische Esel haben ein graubraunes, im Sommer auch rötliches Fell mit helleren Partien am Bauch und im Gesicht. »

Selbst die spärliche Vegetation der afrikanischen Trockengebiete liefert genug Nahrung für die genügsamen **Afrikanischen Esel**.

Afrikanischer Esel

Vom Aussterben bedroht Die ersten Ägypter sind vermutlich schon vor rund 6000 Jahren auf die Idee gekommen, sich ein neues Nutztier mit langen Ohren zuzulegen. Der Afrikanische Esel *(Equus africanus)* trottete damals noch in ganz Nordafrika und auf der Arabischen Halbinsel durch die steinigen Trockengebiete. Warum also nicht ein paar der graubraunen Huftiere einfangen und zum Schleppen von Lasten einsetzen? Hauspferde kannte man damals noch nicht und so wurde der Esel zum ersten vierbeinigen Helfer bei solchen Aufgaben.

Der wilde Urahn aller Hausesel aber begann schon zu Römerzeiten immer seltener zu werden – ein Trend der bis heute nicht gestoppt ist. Inzwischen soll es nach

Angaben der Weltnaturschutzunion IUCN höchstens noch 200 erwachsene Tiere in Eritrea, Äthiopien und Somalia geben.

Es sind im Wesentlichen drei Probleme, mit denen der Afrikanische Esel zu kämpfen hat. Zum einen machen ihm vielerorts in seinem ohnehin kargen Lebensraum die Herden der Viehbesitzer Konkurrenz, sodass er nicht genügend Wasser und Futter findet. Zudem können sich die Tiere mit Hauseseln paaren, weshalb die reinrassigen Wildesel verschwinden. Vor allem aber werden sie als Lieferanten von Fleisch und Medizin gejagt. Mancherorts gilt eine Suppe aus Eselknochen als ein gutes Heilmittel gegen die verschiedensten Leiden von Tuberkulose über Rheuma bis hin zu Verstopfung.

Säbelantilope

In der Natur ausgestorben Neun bis zehn Monate ohne Wasser? Kein Problem für Säbelantilopen *(Oryx dammah)*. Dank etlicher Spezialanpassungen kommen die bis zu 200 Kilogramm schweren Huftiere mit den langen, gebogenen Hörnern mit Trockenheit bestens zurecht. Sie fangen erst an zu schwitzen, wenn sich ihre Körpertemperatur auf mehr als 46 Grad Celsius erhöht, und ihre Nieren sind darauf eingerichtet, möglichst wenig Urin auszuscheiden. Perfekte Voraussetzungen für ein Leben in den Trockengebieten Nordafrikas und der Sahara, durch die die Säbelantilope einst in Herden von bis zu 70 Tieren zogen.

Säbelantilopen sind echte Wüstentiere. Sie können monatelang überleben, ohne zu trinken. «

Damagazelle

Vom Aussterben bedroht Ein ähnliches Schicksal wie der Säbelantilope droht auch der Damagazelle *(Nanger dama)*. Die braun-weiß gemusterten Huftiere mit dem hellen Fleck an der Kehle trotteten früher durch die trockenen Grasländer, Halbwüsten und Wüsten ganz Nordafrikas. Doch auch ihnen ist das große Interesse der Jäger nicht gut bekommen. Seit den 1950er- und 1960er-Jahren sind die Bestände drastisch zurückgegangen. Heute sind nicht einmal mehr 500 Tiere übrig geblieben, die sich auf viele kleine und voneinander isolierte Bestände verteilen. Die Zukunft der Damagazellen sieht also eher düster aus – zumal ihnen immer noch Jäger unkontrolliert nachstellen.

Doch gegen Menschen mit Gewehren half das alles nichts. Vor allem seit dem 19. Jahrhundert interessierten sich immer mehr Jäger für Fleisch, Fell und Hörner der eindrucksvollen Antilopen, die Bestände der einst häufigen Art schrumpften dadurch immer mehr. Der Zweite Weltkrieg und der Bürgerkrieg im Tschad in den 1980er-Jahren verschärften den Druck auf die Populationen – vor allem um Fleisch zu gewinnen, wurden damals viele Säbelantilopen geschossen. 1985 soll es im Tschad und in Niger noch etwa 500 Tiere gegeben haben, drei Jahre später waren davon nur noch ein paar Dutzend übrig. Seither hat die gehörnten Wassersparer in freier Wildbahn niemand mehr gesehen. Säbelantilopen leben heute vermutlich nur noch in Zoos und Gehegen.

Damagazellen haben eine bräunlich-weiße Fellzeichnung mit einem auffälligen, hellen Fleck an der Kehle.

Seen, Flüsse und Feuchtgebiete

Neben den tropischen Regenwäldern in Zentral- und Westafrika, den Savannen Ost- und Südafrikas und den Wüsten im Norden wird das vierte große Ökosystem des Kontinents gern übersehen: Riesige Feuchtgebiete, Seenketten und einige der größten Flüsse der Erde ziehen sich durch Afrika. Dort lebende Arten haben oft kaum Ausweichmöglichkeiten und landen daher oft rasch auf den Roten Listen.

Flusspferdbullen streiten häufig um die Kontrolle über eine Herde. Dabei reißen sie als Drohgebärde oft das Maul weit auf und zeigen ihre Zähne.

Flusspferd

Gefährdet Das Flusspferd *(Hippopotamus amphibius)* gilt als die gefährlichste Art Afrikas. Die Tiere verbringen nämlich den Tag vor allem im Wasser und gehen nachts auf traditionellen Pfaden an Land, um zu weiden. Dabei aber kommt es immer wieder zu Begegnungen mit Menschen. Vor allem Flusspferdmütter befürchten dann häufig eine Gefahr für den Nachwuchs und verteidigen ihn aggressiv. Bei einem Kampf aber sind ein paar Tonnen Flusspferd klar im Vorteil gegenüber einem Menschen.

Der umgekehrte Fall ist allerdings häufiger: Menschen töten Flusspferde am Anfang des 21. Jahrhunderts in unbekannter Zahl. Vor allem in Unruhegebieten wie in der Demokratischen Republik Kongo werden die Tiere häufig geschossen, um das Fleisch später als Bushmeat zu verkaufen. In acht Jahren Bürgerkrieg verschwanden

Zwergflusspferde leben in den Regenwäldern Westafrikas, sind jedoch nicht so sehr ans Wasser gebunden wie ihre großen Vettern. «

dort 95 Prozent aller Flusspferde. Auch werden drastisch mehr Abschüsse beobachtet, seit der Elfenbeinhandel 1989 verboten wurde: Die 70 Zentimeter langen Eckzähne lassen sich nämlich ähnlich wie die Stoßzähne von Elefanten für Schnitzereien verwenden. Im Jahr 2002 wurden zum Beispiel die Eckzähne von rund 2000 Flusspferden allein aus Uganda nach Hongkong geschmuggelt.

Den größten Teil des Tages verbringen **Flusspferde** im Schutz vor der sengenden Sonne halb untergetaucht in Seen und Flüssen. »

Zwergflusspferd

🦛 **Stark gefährdet** Während die grasfressenden Flusspferde im Regenwald kaum vorkommen, suchen die mit höchstens 275 Kilogramm erheblich kleineren Zwergflusspferde (*Choeropsis liberiensis,* auch *Hexaprotodon liberiensis*) ihre Nahrung aus Blättern, Farnen, Knollen, Trieben und abgefallenen Früchten praktisch nur in den Regenwäldern Westafrikas. Genau das ist das Problem dieser Art: Die Regenwälder werden rasch abgeholzt und die Zwergflusspferde verlieren ihren Lebensraum. 1992 und 1993 dürften noch 2000 bis 3000 Tiere in Liberia, Sierra Leona, Guinea und der Elfenbeinküste gelebt haben. Seither haben die Bestände erheblich abgenommen, genaue Zahlen fehlen allerdings.

Die riesigen **Goliathfrösche** landen sehr häufig als Delikatesse auf den Tellern der Menschen in Westafrika.

Goliathfrosch

🐸 **Stark gefährdet** Mit 40 Zentimetern Länge und drei Kilogramm Gewicht trägt der Goliathfrosch (*Conraua goliath*) seinen Namen völlig zu Recht. Frösche sind normalerweise erheblich kleiner. Allerdings lohnt sich natürlich auch die Jagd auf dieses Riesenvieh, das als recht schmackhafte Delikatesse gilt. Ein weiteres Problem ist die Verschmutzung der Regenwaldflüsse in seiner Heimat in Kamerun und Äquatorialguinea. Goliathfrösche aber brauchen schnell fließendes und klares Wasser, das viel Sauerstoff enthält. Auch werden jährlich rund 300 Goliathfrösche in Kamerun gefangen und in die USA exportiert, wo sie an Zoos, Tierhändler und die Veranstalter von Froschrennen verkauft werden. Da die Zahl der Goliathfrösche stark zurückgeht, stuft die IUCN die Art seit 2004 als stark gefährdet ein.

Madagaskar

Etwa 85 Prozent der auf Madagaskar lebenden Tierarten kommen nirgendwo anders vor. Doch die Bevölkerung der viertgrößten Insel der Welt wächst rasant und braucht immer mehr Brennholz und Land für Felder und Siedlungen. Von den riesigen Wäldern, die einst den größten Teil Madagaskars bedeckten, sind daher nur noch rund zehn Prozent übrig. Und mit den Bäumen verschwinden die Tiere.

Mit 12 bis 14 Zentimetern Körperlänge gehört der **Graue Mausmaki** noch zu den größeren Vertretern seiner Verwandtschaft.

Mausmakis

Einige Arten stark gefährdet Die Mausmakis der Gattung *Microcebus* haben einen Rekordhalter in ihren Reihen. Der erst im Jahr 2000 entdeckte Berthe-Mausmaki (*Microcebus berthae*) ist wohl der kleinste Primat, der heute auf der Erde lebt. Ohne Schwanz wird der Winzling mit seinen neun bis elf Zentimetern gut fingerlang und bringt nur 30 Gramm auf die Waage.

Auch die anderen Mausmakis gehören eher zu den Zwergen in ihrer Verwandtschaft. Keiner dieser Lemuren wird größer als etwa 15 Zentimeter. Dazu kommt allerdings noch ein langer Schwanz, der den geschickten Kletterern beim Springen und Balancieren und Gleichgewichthalten hilft. Wenn die Makis nachts durch die Baumkronen turnen und nach Früchten, Blättern, Nektar und kleinen Tieren suchen, kommt ihnen noch eine zweite Anpassung zugute: Mit ihren sehr großen Augen können sie bei Dunkelheit sehr gut sehen. Tagsüber schlafen sie dann in selbst gebauten Nestern oder Baumhöhlen. Der Lebensraum der kleinen Baumbewohner schrumpft allerdings immer mehr. Vor allem die Arten mit einem kleinen Verbreitungsgebiet wie den Berthe-Mausmaki oder den Goldbraunen Mausmaki (*Microcebus ravelobensis*) stuft die IUCN daher als stark gefährdet ein.

Varis

🐾 **Stark gefährdet bzw. vom Aussterben bedroht** Varis sind nicht zu überhören. Sowohl der Schwarzweiße Vari (*Varecia variegata*) als auch der Rote Vari (*Varecia rubra*) lassen eine breite Palette von kreischenden und bellenden, grunzenden, keckernden und quakenden Tönen durch den madagassischen Regenwald schallen. Und jeder dieser Laute scheint etwas anderes zu bedeuten.

Sind die Tiere beunruhigt, stoßen sie zum Beispiel Alarmrufe aus. Die können allerdings je nach Situation sehr unterschiedlich klingen. Will ein Vari seine Gefährten vor einem Greifvogel warnen, benutzt er dafür ein anderes Signal, als wenn die Gefahr von einem Raubtier auf vier Pfoten droht. Für die anderen Gruppenmitglieder ist diese Unterscheidung zwischen Luft- und Bodenfeinden sehr praktisch. So wissen sie gleich, wie sie sich in Sicherheit bringen müssen.

Allerdings hat die lärmende Kommunikation auch einen Nachteil: Sie lenkt unerwünschte Aufmerksamkeit auf die Tiere. Für menschliche Augen sind die lautstarken, tagaktiven und relativ großen Varis deutlich einfacher zu entdecken als andere Lemuren. Das macht sie zu einem leichten Ziel für Jäger. Da beide Arten zudem ein Faible für den Urwald haben und empfindlich auf Störungen in ihrem Lebensraum reagieren, sind ihre Bestände stark geschrumpft.

Rote Varis haben ein sehr kleines Verbreitungsgebiet: Sie leben nur in den Regenwäldern der Masoala-Halbinsel im Nordosten Madagaskars.

Der **Schwarzweiße Vari** klettert in eher gemächlichem Tempo durch die Regenwälder im Osten von Madagaskar.

Die letzte Insel der Lemuren

Urtümliche Verwandte Lemuren sind die vielleicht bekanntesten Vertreter der madagassischen Fauna. Die urtümlichen Primaten haben auf der Insel eine Art Arche Noah gefunden: In anderen Regionen der Welt sind sie längst von höher entwickelten Affenarten verdrängt worden. Doch Madagaskar hat sich vor etwa 160 Millionen Jahren vom afrikanischen Kontinent getrennt – noch bevor die stärkeren Konkurrenten auf den Plan traten. Wie viele Arten von Lemuren es heute gibt, ist schwer zu sagen. Denn genetische Untersuchungen wirbeln die Systematik immer wieder durcheinander. Biologen unterschieden 2010 an die 100 verschiedene Spezies. Die meisten davon sind Baumbewohner – und genau das wird ihnen zum Verhängnis. Denn jedes Jahr werden nach Schätzungen der Naturschutzorganisation WWF 120 000 Hektar Wald auf Madagaskar gerodet. In Gestalt des Menschen haben die fortschrittlicheren Primaten die Insel also doch noch erobert. Und ihre urtümlichen Verwandten drohen endgültig den Kürzeren zu ziehen.

Die etwa katzengroßen **Kattas** mit ihren auffällig geringelten Schwänzen gehören zu den bekanntesten Lemuren.

Katta

Vorwarnliste Der katzengroße Katta *(Lemur catta)* stellt eigentlich keine großen Ansprüche an seinen Lebensraum. In verschiedenen Wäldern ist er ebenso zu Hause wie in Savannen oder in den rauen Felslandschaften des madagassischen Berglands. Er verträgt jedes Klima, das die Insel zu bieten hat, frisst alles Mögliche von Pflanzenkost bis zu Insekten und kann mit wenig Wasser auskommen. Doch selbst diese flexiblen Tiere hat die IUCN auf die Vorwarnliste gesetzt, weil ihre Bestände geschrumpft sind. Denn immer mehr Lebensräume verwandeln sich in Viehweiden, mit denen selbst die anpassungsfähigen Kattas nichts anfangen können. Zudem werden die Tiere gejagt – und zwar nicht nur als Fleischlieferanten. Die charismatischen Lemuren mit dem auffällig geringelten Schwanz sind in einigen Regionen Madagaskars auch beliebte Haustiere.

Große Makis

Viele Arten gefährdet oder stark gefährdet Das Verschwinden der madagassischen Wälder bringt inzwischen sogar das Liebesleben mancher Lemuren durcheinander. Das haben Wissenschaftler zum Beispiel bei einigen Vertretern der Großen Makis aus der Gattung *Eulemur* festgestellt. So gibt es zwei Unterarten des Braunen Makis *(Eulemur fulvus)*, die früher so gut wie nichts miteinander zu tun hatten.

Bei den **Mohren-makis**, die zu den Großen Makis gehören, sind die Welbchen In verschiedenen Braun-, Grau- und Beigetönen gefärbt. Das Fell der Männchen ist ein-farbig schwarz.

Der **Rotstirnmaki** galt früher als Unterart des Braunen Makis, mittlerweile ist er als eigene Art anerkannt.

Denn sie lebten in unterschiedlichen Waldregionen, getrennt von Felsen und einem Fluss. Da gab es kaum Chancen, sich mit einem Partner aus der jeweils anderen Unterart zu paaren.

Inzwischen aber ist nur noch so wenig Wald übrig, dass die Tiere zusammengerückt sind. In einer genetischen Studie haben Forscher von der University of New York herausgefunden, dass es inzwischen ziemlich viele Kreuzungen zwischen beiden Unterarten gibt. Damit aber werden sich die Tiere immer ähnlicher und ein Stück genetische Vielfalt geht verloren.

Wenn die Waldreste weiter schrumpfen, werden die Großen Makis irgendwann ganz verschwinden. Einige Arten wie der Weißkragenmaki (*Eulemur cinereiceps*) oder der Sandford-Maki (*Eulemur sanfordi*) haben bereits so kleine und zersplitterte Verbreitungsgebiete, dass die IUCN sie für stark gefährdet hält.

Bambuslemuren

Gefährdet bis vom Aussterben bedroht Wie ihr Name schon vermuten lässt, erwarten die Bambuslemuren der Gattung *Hapalemur* von ihrem Lebensraum vor allem eines: Ein gutes Angebot an Bambus. Die meisten Arten haben eine aus-

gesprochene Vorliebe für die Blätter, die Schösslinge und das Mark dieser Pflanzen, manche ernähren sich zu mehr als 90 Prozent davon. Nur der Alaotra-Bambuslemur (*Hapalemur alaotrensis*), der sich als einziger Primat für ein Leben in Feuchtgebieten entschieden hat, verlegt sich stattdessen auf Papyrus, Schilf und bestimmte Gräser. Inzwischen werden allerdings sowohl die Wälder als auch die Sümpfe für die kleinen Vegetarier knapp. Da ihnen zudem auch noch Menschen nachstellen, kämpfen viele Bambuslemuren ums Überleben.

Großer Bambuslemur

Vom Aussterben bedroht Den Großen Bambuslemur (*Prolemur simus*) haben Biologen früher auch zur Gattung *Hapalemur* gerechnet. Mit einem Körper, der ohne Schwanz mehr als 40 Zentimeter lang und bis zu 2,5 Kilogramm schwer wird, ist er allerdings deutlich größer als andere Bambuslemuren. Auch Unterschiede im Skelett und in der Lebensweise sprechen dafür, diese Tiere in eine eigene Gattung einzuordnen. Die Art kommt heute nur noch in kleinen Regenwaldgebieten im Südosten und Süden der Insel vor, nicht einmal 250 erwachsene Tiere soll es noch geben. Damit gehört der Große Bambuslemur zu den bedrohtesten Lemuren überhaupt.

Große Bambuslemuren
ernähren sich fast ausschließlich
von den Blättern und Schösslingen
des Riesenbambus.

Sifakas

Gefährdet bis vom Aussterben bedroht Wenn auf Madagaskar ein Niesen aus den Baumkronen zu schallen scheint, steckt meist ein Sifaka aus der Gattung *Propithecus* dahinter. Ob diese Laute ein Warnruf sind oder einfach nur eine Missfallensäußerung, ist nicht so ganz klar. Jedenfalls hat ihr lautes „si-fak" diesen Tieren ihren Namen eingebracht.

Sifakas sind relativ große Lemuren, die ohne Schwanz durchaus mehr als einen halben Meter lang werden können. Sie besitzen ein langes seidiges Fell, das je nach Art in den unterschiedlichsten Schattierungen zwischen beige und schwarzbraun schimmert. Die Gesichter sind jedoch immer schwarz und haarlos.

Der **Östliche Bambuslemur** bewohnt diejenigen Regenwälder an der Ostküste der Insel, die ihm genug von seiner Lieblingsspeise bieten. «

Larvensifakas haben ein dichtes, helles Fell und ein unbehaartes, schwarzes Gesicht. »

Das Leben der Baumbewohner sieht auf den ersten Blick recht idyllisch aus. Sifakas leben in kleinen Gruppen zusammen und streifen auf der Suche nach Blättern, Blüten und Früchten durch den Wald. Gern räkeln sie sich auch gemütlich auf den Ästen und nehmen ausgedehnte Sonnenbäder.

Allerdings hat die Welt der Sifakas auch ihre Schattenseiten. Denn die Tiere haben mit den gleichen Problemen zu kämpfen wie alle anderen Lemuren. Die meisten Arten sind stark bedroht, einige stehen sogar kurz vor dem Aussterben.

Indri

Stark gefährdet Zwei Brüder lebten einst gemeinsam im Wald, bis einer von ihnen beschloss, neue Wege zu gehen. Er verließ das Reich der Bäume und begann, das Land zu kultivieren. Aus diesem unternehmungslustigen Siedler wurde der erste Mensch, aus seinem zurückgelassenen Bruder der erste Indri *(Indri indri)*.

Auf Madagaskar gibt es viele solcher Geschichten und Mythen rund um den größten aller heutigen Lemuren. Die bis zu 90 Zentimeter langen Indris galten auf der Insel seit jeher als etwas Besonderes. Denn sie legen erstaunliche Verhaltensweisen an den Tag, in die sich allerlei Menschliches hineininterpretieren lässt.

So laufen die Tiere auf zwei Beinen, leben in monogamen Beziehungen zusammen und stimmen lautstarke Duette an, um ihre Zusammengehörigkeit zu demonstrieren. Und morgens sitzen sie gern auf einem Ast, mit halb geschlossenen Augen und dem Gesicht zur Sonne gewendet. Dabei halten sie den Rücken gerade, kreuzen die Beine und legen die Hände auf die Knie – eine fast andächtig wirkende Pose. Viele Madagassen glauben noch heute, dass Indris die Sonne anbeten.

Lange hat dieses geheimnisumwitterte Image die Tiere vor Nachstellungen geschützt. Sie galten in vielen Regionen als heilig und es war verpönt, sie zu töten. Inzwischen aber sind viele dieser Tabus gebröckelt und die Indris leiden unter der Jagd ebenso wie unter der Zerstörung ihres Lebensraums.

Indris gelten in manchen Regionen Madagaskars für die einheimische Bevölkerung als engere Verwandtschaft des Menschen. «

Das bizarre Fingertier ist der einzige heute noch lebende Vertreter einer eigenen Tierfamilie. »

Fingertier

Vorwarnliste Auch um die Fingertiere *(Daubentonia madagascariensis)* ranken sich allerlei mystische Vorstellungen. Allerdings besteht keine rechte Einigkeit darüber, was genau von diesen nachtaktiven Lemuren zu halten ist. In manchen Regionen gelten sie als Dämonen, anderenorts dagegen kursieren Geschichten von guten Fingertieren, die man nicht behelligen sollte.

Klar ist jedenfalls, warum gerade diese Waldbewohner die Fantasie so vieler Menschen anregen. Mit ihren großen, ledrigen Ohren, den runden, leuchtend orangefarbenen Augen und dem struppigen, grauen Fell wirken Fingertiere wie Darsteller aus einem Fantasy-Film. Auch die Hände mit den langen, krallenbewehrten Fingern sehen ziemlich bizarr aus.

Vor allem der knochige Mittelfinger ist für die Tiere ein äußerst praktisches Werkzeug, mit dem sie etwa das Fruchtfleisch aus Kokosnüssen pulen. Noch raffinierter ist die Technik, mit der sie Insekten fangen. Sie klopfen dabei an Äste und Stämme und erkennen anhand des Geräuschs Hohlräume im Holz. Dort knabbern sie dann ein Loch in die Rinde und angeln die Insekten mithilfe ihres Mittelfingers heraus. Sie suchen ihre Nahrung also mit einer ähnlichen Methode wie die Spechte in anderen Teilen der Welt.

Gegen das Fangen von Insekten hat zwar niemand etwas, bei etlichen Plantagenbesitzern haben sich die Fingertiere allerdings unbeliebt gemacht, weil sie auch gern Früchte fressen. Mancherorts werden sie deshalb als Schädlinge verfolgt. Auch die Zerstörung des Lebensraums ist ein Problem. Dennoch hat die Art noch ein recht großes Verbreitungsgebiet, sodass sie nur auf der Vorwarnliste der IUCN steht.

Fossas verbringen einen guten Teil ihrer Zeit am Boden, können aber auch sehr gut klettern und durchs Geäst springen.

Fossa

Gefährdet Wenn es außer dem Menschen noch eine Art gibt, die Madagaskars Lemuren zu fürchten haben, dann ist das die Fossa *(Cryptoprocta ferox)*. Die ohne Schwanz bis zu 80 Zentimeter langen und bis zu zwölf Kilogramm schweren Waldbewohner sind die größten Raubtiere der Insel. Auf ihrem Speiseplan stehen alle möglichen Säugetiere, Vögel und Reptilien. Da sie sich manchmal auch an Haustieren vergreifen, haben die geschickten Kletterer auf Madagaskar keinen guten Ruf. Neben dem Verschwinden der Wälder hat daher auch die Jagd zu ihrem Rückgang beigetragen. Damit ist das Überleben eines weiteren Inselbewohners in Gefahr, der sich im Lauf seiner Evolution etliche körperliche Besonderheiten und exzentrische Verhaltensweisen zugelegt hat.

So entwickeln junge Weibchen im Alter von zwei oder drei Jahren eine auffällig vergrößerte und mit Stacheln besetzte Klitoris, die ähnlich wie ein Penis aussieht. Eine solche vorübergehende „Vermännlichung" haben Biologen bisher noch bei keinem anderen Raubtier beobachtet. Noch unklar ist, ob sich die jungen Weibchen auf diese Weise vor zu frühzeitigen Annäherungsversuchen der Männchen schützen oder ob sie Revierkämpfen mit ihren Geschlechtsgenossinnen aus dem Weg gehen wollen. Jedenfalls bilden sich die männlichen Merkmale zurück, wenn die Tiere geschlechtsreif werden.

Armutsbekämpfung

Schutz für den Wald Auf Madagaskar sind es oft keine großen Holzfirmen, die den Wald und seine Tierwelt in Gefahr bringen – der Hauptgrund für die Rodungen ist vielerorts der Hunger. Immerhin gehört Madagaskar zu den ärmsten Ländern der Erde, das Pro-Kopf-Einkommen liegt bei rund 250 Dollar pro Jahr. Da greift man eben zur Säge, um ein neues Feld anzulegen und so vielleicht die schlimmste Not zu lindern.

Verbote helfen in einer solchen Lage nicht weiter. Daher versuchen Naturschützer auf der Insel, den Menschen eine Perspektive zu bieten. Im Nationalpark Andringitra zum Beispiel haben 23 Frauen mit Unterstützung des WWF eine Kooperative gegründet und bringen die traditionelle Seidenproduktion wieder in Schwung. Im Manambolo-Tal informieren WWF-Landwirtschaftsexperten die Menschen in den Dörfern über effektivere Anbaumethoden und biologische Schädlingsbekämpfung. Und dank eines neuen Gesetzes haben die Bewohner mancher Dörfer die Verantwortung für den früher staatlich kontrollierten Wald selbst übernommen. Seither sind die Nutzungsrechte streng geregelt, Brandrodungen kommen nur noch selten vor. Der Wald beginnt sich zu erholen und etliche versiegte Quellen sprudeln wieder.

Madagaskarreiher

🦅 **Stark gefährdet** Ein großer, grauer Vogel mit langem Hals, der bewegungslos im flachen Wasser steht und geduldig auf Fische oder Krebse lauert – wer auf Madagaskar eine solche Szene beobachten will, braucht Glück. Nur zwischen 1000 und 3000 Madagaskarreiher *(Ardea humbloti)* sollen heute noch an den Küsten, Seen und Flüssen der Insel leben. Menschen haben diesem eleganten Vogel so lange nachgestellt, seine Nestbäume gefällt und seine Eier gesammelt, bis er als weiterer stark gefährdeter Kandidat auf der Liste der bedrohten Arten landete.

Madagaskar-Schlangenhabicht

🦅 **Stark gefährdet** Manchmal erleben Biologen und Naturschützer auf Madagaskar auch positive Überraschungen. Der Madagaskar-Schlangenhabicht *(Eutriorchis astur)* zum Beispiel galt noch in den 1980er-Jahren als ausgestorben. Jahrzehntelang hatte niemand mehr einen solchen Greifvogel gesehen, als 1990 in einem Naturschutzgebiet ein totes Exemplar gefunden wurde. Es gab die verschollenen Tiere also doch noch.

Über ihren Alltag ist allerdings nach wie vor wenig bekannt. Denn die fliegenden Jäger sind sehr scheu und führen ein heimliches Leben in den Regenwäldern der Insel. Erst 1997 haben Forscher zum ersten Mal ein Nest entdeckt. Doch immerhin wissen sie inzwischen, wie sich die Stimme eines Madagaskar-Schlangenhabichts anhört. Mit lauten Rufen zeigen die Tiere an, dass sie ein Revier für sich beanspruchen. Indem man sie belauscht oder sogar mithilfe einer Tonbandaufnahme von der Stimme eines Artgenossen zum Antworten verführt, kann man daher mehr über die Verbreitung der Vögel herausfinden. Zwischen 250 und 1000 Tiere sollen demnach noch auf Madagaskar leben – mehr als gedacht, aber immer noch so wenige, dass die Art als stark gefährdet gilt.

Der **Madagaskar-Schlangenhabicht** ist nur in unberührten Regenwäldern im Nordosten der Insel heimisch.

Die grau gefiederten **Madagaskarreiher** sind eindrucksvolle Vögel, die bis zu einem Meter groß werden können.

Der **Gespenst-Blattschwanzgecko** imitiert
alte Blätter und ist so im Laub der Bäume
perfekt getarnt. »

Labords Chamäleon

Gefährdet Manche Tiere haben keine Zeit zu verlieren.
Labords Chamäleon *(Furcifer labordi)* zum Beispiel muss im
Rekordtempo sein gesamtes Leben innerhalb eines einzigen
Jahres hinter sich bringen. Das bunte Reptil lebt im trocke-
nen Südwesten der Insel im Geäst von kleinen Bäumen und
Dornbüschen. Wenn im November die ersten Niederschläge
der Regenzeit auf den ausgedörrten Boden prasseln, ist die
Zeit für eine neue Generation gekommen.

Fast gleichzeitig schlüpfen dann die kleinen Chamäleons
aus den Eiern, in denen sie sich während der letzten acht bis
neun Monate entwickelt haben. Nur vier oder höchstens fünf
Monate bleiben ihnen nun noch für den Rest ihres Lebens.
Also wachsen sie in rasantem Tempo heran. Mit nicht einmal
zwei Monaten werden sie geschlechtsreif, sodass sie im
Januar oder Februar Nachwuchs zeugen können. Danach
setzen schon die ersten Alterserscheinungen ein und es dauert nicht mehr lange, bis die ganze Generation zugrunde
geht. Eine so kurze Lebenserwartung haben Wissenschaftler
bisher bei keinem anderen Landwirbeltier festgestellt.

Möglicherweise liegt es also zumindest bei einigen Arten
nicht an einer falschen Haltung, wenn Chamäleons in
menschlicher Obhut nicht alt werden. Die lange
als hoffnungslos geltende Zucht in
Gefangenschaft könnte zumindest bei der gefährdeten
Art *Furcifer labordi*
Erfolg versprechen-
der sein als gedacht.

Männliche **Labords Chamäleons** sind meist
grün mit hellen Streifen an den Flanken,
Weibchen sind oft deutlich bunter.

Gespenst-Blattschwanzgecko

🦎 **Gefährdet** Zu den bizarrsten Gestalten im madagassischen Regenwald gehört der Gespenst-Blattschwanzgecko *(Uroplatus phantasticus)*. Mit seinem abgeflachten Körper und der bräunlichen Haut imitiert er so perfekt das Aussehen von totem Laub, dass er vor einem entsprechenden Hintergrund kaum zu entdecken ist. Sein Schwanz sieht genauso aus wie ein totes Blatt, an dessen Rändern schon Insekten geknabbert haben. Dieses ungewöhnliche Äußere hat die bis zu 15 Zentimeter großen Reptilien zu beliebten Haustieren gemacht, das

Interesse von Terrarienbesitzern aus aller Welt ist groß. Naturschützer befürchten daher, dass Tierfänger die Bestände in freier Wildbahn zu stark dezimieren könnten.

Denn Gespenst-Blattschwanzgeckos haben ohnehin schon mit dem Verschwinden der Wälder und den eigenen hohen Ansprüchen zu kämpfen. Sie können nur in bestimmten Waldgebieten leben und reagieren empfindlich auf Veränderungen in ihrem Lebensraum. Das weltweit einzige Vorkommen im Osten der Insel ist aus diesen Gründen heute schon in viele kleine Bestände zersplittert. Das alles spricht dafür, dass die dekorativen Blattimitatoren

Die **Südliche Madagaskarboa** verfolgt ihre Beute nicht aktiv, sondern legt sich gut getarnt auf die Lauer.

Die **Nördliche Madagaskarboa** wird mit bis zu drei Metern Länge deutlich größer als ihre südliche Verwandte.

bedroht sind. Daher fällt die Art unter die Handelsbeschränkungen des Washingtoner Artenschutzübereinkommens CITES.

Madagaskarboas

🐢 **Gefährdet** Ratten und andere Säugetiere, aber auch Vögel und Reptilien müssen vorsichtig sein, wenn sie in der Dämmerung oder nachts auf dem Waldboden unterwegs sind. Regungslos warten die Madagaskarboas der Gattung *Acrantophis,* bis ihnen eine unvorsichtige Beute zu nahe kommt. Dann ringeln die Riesenschlangen ihren muskulösen Körper um das Opfer und erwürgen es.

Einigermaßen sicher sind die Beutetiere allerdings in den Baumkronen. Denn während die jungen Boas noch geschickte Kletterer sind, halten sich die erwachsenen Reptilien fast nur noch am Boden auf. Immerhin stellt die Nördliche Madagaskarboa (*Acrantophis madagascariensis*) mit einer Länge von bis zu 3,50 Metern die größten Schlangen der Insel, die Südliche Madagaskarboa (*Acrantophis dumerili*) ist mit bis zu 1,80 Metern immer noch eine stattliche

Erscheinung. Das Gewicht eines so großen Körpers auf die Bäume zu schleppen, ist ihnen wohl zu mühsam. Gefährdet sind die imposanten Reptilien wie alle Waldbewohner der Insel durch den Verlust ihres Lebensraums.

Madagaskar-Hundskopfboa

🐢 **Gefährdet** Vor den Nachstellungen der Madagaskar-Hundskopfboa *(Sanzinia madagascariensis)* sind auch Baumbewohner nicht geschützt. Denn anders als die Madagaskarboas gehen diese grün oder gelblich-braun gefärbten Riesenschlangen gern im Geäst auf die Jagd. Mithilfe von Wärmesensoren an der Schnauze spüren die nachtaktiven Reptilien zunächst einen interessanten Vogel oder ein Säugetier auf, winden dann ihren kräftigen, etwa zwei Meter langen Körper darum und ziehen zu. So schnüren sie die Blutzufuhr zum Herzen ihres Opfers ab, bis dieses schließlich an einem Kreislaufzusammenbruch stirbt. Wenn immer mehr Wälder gerodet werden, hilft allerdings auch die beste Jagdstrategie nichts mehr.

Im Südwesten der Insel sind **Madagaskar-Hundskopfboas** meist bräunlich gefärbt, während im Nordosten eher Grüntöne vorherrschen.

Die kleinen **Goldfröschchen** leben in einem nicht einmal zehn Quadratkilometer großen Gebiet im Osten der Insel.

Goldfröschchen

🐸 **Vom Aussterben bedroht** Sie sind nur rund zwei Zentimeter groß und trotzdem kaum zu übersehen: Goldfröschchen *(Mantella aurantiaca)* leuchten in den sattesten Gelb-, Orange- und Rottönen. Die knalligen Farben sind ein Warnsignal für hungrige Feinde. Vögel und Säugetiere, die dieses nicht beachten und trotzdem zuschnappen, bereuen das in der Regel bald. Denn in ihren Hautdrüsen produzieren die winzigen Amphibien eine ganze Palette von starken Giften.

Allerdings ist keineswegs jedes Goldfröschchen gleich giftig. Die Konzentration der chemischen Abwehrwaffen hängt offenbar von der Nahrung ab: Wahrscheinlich müssen die Tiere bestimmte Ameisen und Termiten fressen, um aus deren Inhaltsstoffen ihre eigenen Chemikalien herzustellen. Das ist wohl der Grund dafür, dass die farbenfrohen Frösche im Terrarium nach und nach immer ungiftiger werden.

Wie lange es die kleinen Giftmischer in freier Natur noch geben wird, ist allerdings ungewiss. Denn Goldfröschchen leben nur noch in einem sehr kleinen und weiter schrumpfenden Regenwaldgebiet im östlichen Zentrum der Insel.

Asien

Große Pandas sind Gebirgsbewohner, die nur in China vorkommen. Im Sommer klettern sie bis in Höhenlagen von 4000 Meter hinauf.

Der Rekord-Kontinent

Asien ist mit knapp einem Drittel der gesamten Landfläche nicht nur der größte Erdteil, sondern auch der mit den meisten Menschen. Allein China und Indien haben jeweils mehr als eine Milliarde Einwohner, im Rest des Kontinents leben weitere rund zwei Milliarden Menschen. Damit stellt Asien insgesamt rund 60 Prozent der Weltbevölkerung. Trotzdem gibt es auch sehr dünn besiedelte Regionen. So kommen in der Mongolei auf einen Quadratkilometer im Durchschnitt nicht einmal zwei Einwohner. Dagegen drängen sich in Indien auf der gleichen Fläche 349 Menschen.

Natur auf dem Rückzug

Gerade in den dicht besiedelten und gleichzeitig armen Regionen schrumpfen die Lebensräume für Tiere rasant. Die wachsende Bevölkerung kämpft vielerorts ums Überleben, sodass Wälder und andere natürliche Landschaften Äckern und Weiden weichen müssen. Die Regenwälder Südostasiens und anderer Regionen werden aber auch für Plantagen abgeholzt, die Palmöl und andere Produkte für den internationalen Markt liefern.

Saiga | *128*

Tigeriltis | *138*

Asiatischer Esel | *139*

Kaukasus-Leopard | *121*

Arabische Oryx | *139*

Schneeleoparden durchstreifen auf der Suche nach Beute oft riesige Gebiete, die bis zu 1000 Quadratkilometer groß sein können.

Komodowarane nutzen ihre lange, gespaltene Zunge, um Gerüche wahrzunehmen. Sehen und hören können sie dagegen nicht besonders gut.

PAZIFISCHER OZEAN

Przewalski-Pferd | 128

Amurleopard | 121

Schneeleopard | 134

Tibetantilope | 134

Großer Panda | 132

ndusdelfin | 140

Yak | 135

Roter Panda | 133

Moschustier | 135

Chinesischer Salamander | 142

Panzernashorn | 126

Kragenbär | 121

Indiengeier | 130

Asiatischer Elefant | 114

Gangesdelfin | 140

Königskobra | 125

Dreistreifen-Scharnierschildkröte | 142

Landsäugetiere

Schopfgibbons | 118

Meeressäuger und Flussdelfine

Lippenbär | 118

Tiger | 123

Vögel

N

250 km
www.kartographie.de

Reptilien

Bengalgeier | 129

Amphibien

Irawadidelfin | 140

INDISCHER OZEAN

Sumatra-Orang-Utan | 117

Sabah-Nashorn | 124

Borneo-Orang-Utan | 117

Leistenkrokodil | 143

Komodowaran | 130

Java-Nashorn | 124

Wälder

Für Waldtiere hat Asien eigentlich eine breite Palette an Lebensräumen im Angebot. Das Spektrum reicht von den dampfenden, immergrünen Regenwäldern im Süden und Südosten bis zu den Nadelwäldern der sibirischen Taiga. Doch das Reich der Bäume schrumpft zusehends. Südostasien ist eine der Regionen auf der Welt, in denen die Rodungen besonders rasch voranschreiten.

Der Nachwuchs von **Asiatischen Elefanten** kann schon kurz nach der Geburt problemlos stehen und laufen. »

Die geselligen Weibchen und Jungtiere der **Asiatischen Elefanten** leben in Herden zusammen, die meist aus bis zu 30 Mitgliedern bestehen.

Asiatischer Elefant

Stark gefährdet Sie rücken Baumstämme in der Forstwirtschaft, schleppen schwere Lasten und trotten mit Touristen auf dem Rücken zu Tempeln und anderen Sehenswürdigkeiten. Asiatische Elefanten *(Elephas maximus)* sind bekannt dafür, dass sie sich zu Arbeitstieren ausbilden lassen. Theoretisch geht das zwar auch mit ihren afrikanischen Verwandten. Doch nur in Asien hat der Einsatz von gezähmten Dickhäutern eine jahrtausendealte Tradition.

In freier Wildbahn allerdings werden die grauen Giganten immer seltener. Denn ihre Lebensräume in tropischen und subtropischen Regenwäldern, in verschiedenen anderen Laubwäldern und in Dornbuschland schwinden. Auf Sumatra zum Beispiel wird Hektar um Hektar Regenwald für Palmölplantagen gerodet. Entsprechend wird auch die dort lebende Unterart des Asiatischen Elefanten immer selte-

Heute leben **Orang-Utans** nur noch auf Borneo und Sumatra. Fossilienfunde belegen aber, dass ihr Verbreitungsgebiet früher auch Java, Vietnam und Südchina umfasste. »

Der Name Orang-Utan bedeutet Wald-Mensch. Tatsächlich wirkt der Blick dieses **Borneo-Orang-Utans** erstaunlich menschlich.

Map labels:
Andamanisches Meer
Südchinesisches Meer
Sulusee
Celébessee
MALAYSIA
Borneo
Sumatra
INDONESIEN
Javasee
N
100 km
www.kartographie.de

Borneo-Orang-Utan
Sumatra-Orang-Utan

ner und die verbliebenen Tiere drängen sich auf immer engerem Raum. Straßen durchschneiden ihre traditionellen Wanderrouten und in den letzten Waldinseln inmitten der Felder wird das Futter knapp. Um zu überleben, verlassen die Dickhäuter daher immer wieder den schützenden Wald und suchen auf Plantagen und in Dörfern nach Nahrung. Bei solchen Abenteuern aber sind gefährliche Begegnungen vorprogrammiert: Die Menschen wissen sich oft keinen anderen Rat, als die plündernden Riesen einzufangen, zu vergiften oder zu erschießen.

Orang-Utans

Stark gefährdet bzw. vom Aussterben bedroht Die Orang-Utans auf Sumatra und Borneo haben ihre ganz eigenen Traditionen, die sie oft über Generationen weitergeben. So ist es in einigen Gruppen üblich, über dem Schlafnest einen Sonnenschutz aus Ästen und Blättern anzubringen, andere haben ein spezielles Gute-Nacht-Ritual entwickelt. Mit Stöcken kratzen sich manche der roten Menschenaffen den Rücken, andere holen damit Insekten aus Baumlöchern und wieder andere haben daraus eine Art Fliegenklatsche konstruiert. Blätter dienen als Handschuhe, um stachelige Früchte anzufassen oder als Serviette, um sich nach dem Fressen das Kinn abzuwischen.

Für Wissenschaftler ist es faszinierend, solche regionalen Gewohnheiten zu beobachten. Denn sie erhoffen sich dadurch auch Aufschlüsse über die Wurzeln der menschlichen Kultur. Die Wege der Orang-Utans haben sich zwar schon vor zwölf bis 14 Millionen Jahren von denen der anderen großen Menschenaffen getrennt. Damit sind sie also weniger eng mit dem Menschen verwandt als Gorillas, Schimpansen und Bonobos. Und doch legen sie bereits

Wie ihre Verwandten auf Borneo sind auch die **Sumatra-Orang-Utans** gute Kletterer, die den Großteil ihres Lebens auf Bäumen verbringen.

Verhaltensweisen an den Tag, die Wissenschaftler lange nur den Menschen zugetraut hatten.

Welche Zukunft die Orang-Utan-Kultur hat, ist allerdings ungewiss. Denn wie viele Arten ihrer Heimat leiden auch die roten Menschenaffen unter dem rasanten Schwund der Wälder. Zudem sind dressierte Orang-Utans in Südostasien sehr beliebt und die Affenbabys lassen sich gut als Haustiere verkaufen. Deshalb haben neben den Holzfällern auch Tierfänger für den Rückgang der Populationen gesorgt. Der

Männliche **Schopfgibbons** haben ein überwiegend schwarzes Fell, die Weibchen dagegen sind eher gelblich braun mit einzelnen dunklen Flecken.

Sumatra-Orang-Utan *(Pongo abelii)* mit insgesamt nur noch gut 7000 Exemplaren gilt als vom Aussterben bedroht, vom stark gefährdeten Borneo-Orang-Utan *(Pongo pygmaeus)* soll es noch zwischen 45 000 und 69 000 Tiere geben.

Schopfgibbons

Stark gefährdet bis vom Aussterben bedroht Leicht machen sie es den Wissenschaftlern nicht. Da die Schopfgibbons der Gattung *Nomascus* am liebsten hoch oben durch die Baumkronen des südostasiatischen Regenwalds turnen, lassen sie sich nur sehr schwer beobachten. Selbst die Artbestimmung wird da zum Problem. Denn die kleinen Unterschiede in der Fellfarbe sind vom Boden aus kaum zu erkennen.

Um mehr über die Schopfgibbons herauszufinden, haben Mitarbeiter des Deutschen Primatenzentrums in Göttingen und der Zoologischen Gesellschaft Frankfurt Kotproben für genetische Analysen gesammelt und die Gesänge der kleinen Verwandten der Menschenaffen aufgezeichnet. Schopfgibbons haben ein ausgesprochenes Faible für lautstarke Darbietungen, die manche Forscher für eine Vorstufe der menschlichen Musik halten. Anhand der Frequenz und der Geschwindigkeit dieser Laute lassen sich die einzelnen Arten auseinanderhalten. Und tatsächlich haben die Biologen auf diese Weise im Jahr 2010 mit dem Nördlichen Gelbwangen-Schopfgibbon *(Nomascus annamensis)* ein neues Mitglied der Primatengattung entdeckt. Insgesamt hangeln sich damit nun sieben verschiedene Arten der auch als kleine Menschenaffen bezeichneten Primaten durch die Wipfel der Regenwälder in Vietnam, Laos, Kambodscha und Südchina.

Schopfgibbons haben kräftige Stimmen. Anhand ihrer lauten Gesänge kann man die einzelnen Arten auseinanderhalten. »

Ihr Lebensraum allerdings fällt zunehmend den Motorsägen zum Opfer, außerdem werden die Tiere illegal gejagt, um sie zu essen, als Haustiere zu halten oder zu Medizin zu verarbeiten. Daher stuft die IUCN sämtliche Schopfgibbons als stark gefährdet oder vom Aussterben bedroht ein.

Lippenbär

Gefährdet Wenn ein Lippenbär *(Melursus ursinus)* auf einen Ameisen- oder Termitenbau stößt, ist er in seinem Element. Geschickt gräbt er mit seinen Krallen ein Loch in den Boden und bläst erst einmal den Staub weg. Dann setzt er seine langen und sehr beweglichen Lippen an und saugt sich das nahrhafte Getier einfach ins Maul. Damit das auch wirklich effektiv funktioniert, hat er keine oberen Schneidezähne. Eine reine Insektenkost ist den Tieren auf Dauer allerdings auch zu langweilig und einseitig. Also klettern sie vor allem in der Regenzeit auch auf Bäume und bereichern ihren Speiseplan mit Blüten und Früchten.

Auch in der Heimat der Lippenbären, die sich heute noch über Indien, Nepal, Sri Lanka und Bhutan erstreckt, schrump-

Nach einer Tragzeit von sechs bis sieben Monaten
bringen weibliche **Lippenbären**
meist zwei Jungtiere
zur Welt.

fen die Wälder und auf dem Grasland
planieren Traktoren die für die zotteligen Insektenfans so wichtigen Termi-
tenbauten. Wenn sich die Tiere stattdessen den Magen in Obstplantagen fül-
len, werden sie von den erbosten Besitzern
mitunter erschossen, obwohl die Jagd auf
Lippenbären verboten ist. Auch die Wilderer, die es auf
die in der traditionellen asiatischen Medizin beliebten
Gallenblasen der Bären abgesehen haben, nehmen auf
dieses Verbot keine Rücksicht. Nach Schätzungen
der Naturschutzorganisation WWF sollen weltweit
nur noch 10 000 bis höchstens 20 000 Lippenbären in freier Wildbahn leben.

Kragenbären haben einen auffälligen hellen Fleck auf der Brust, der an eine Sichel erinnert. Deshalb werden sie auch „Mondbären" genannt. **«**

Der **Kaukasus-Leopard** kommt außer im Kaukasus auch in Turkmenistan und im Norden des Iran vor. Die Bestände sind allerdings überall sehr klein.

Kragenbär

Gefährdet Woher der Kragenbär *(Ursus thibetanus)* seinen deutschen Namen hat, ist leicht zu sehen. Wie eine Pelzstola liegt ein breiter Kranz aus langen, schwarzen Haaren um seinen Hals. So ein Kragen ist für einen Waldbewohner im Süden und Osten Asiens sehr praktisch: Wenn der Bär auf einen Tiger trifft, richtet er sich auf die Hinterbeine auf, sträubt den Kragen und wirkt damit ein ganzes Stück mächtiger, als er tatsächlich ist. Allzu häufig lassen es Kragenbären allerdings nicht auf ein solches Zusammentreffen ankommen. Zum Schlafen klettern die bis zu 1,90 Meter langen und 200 Kilogramm schweren Tiere lieber in die Baumkronen, in die ihnen kein Tiger folgen kann.

Gegen ihren größten Feind hilft ihnen das alles aber nichts. Neben dem Verlust der Wälder macht dem Kragenbären vor allem die traditionelle asiatische Medizin zu schaffen. Die Gallenflüssigkeit der Tiere soll nicht nur Magen-Darm-Beschwerden und Kopfschmerzen kurieren, sondern gilt auch als Potenzmittel. Die Gallenblasen von Kragenbären bringen auf dem Schwarzmarkt gut 250 US-Dollar ein – ein lukratives Geschäft für Wilderer.

Kaukasus-Leopard

Stark gefährdet Der zoologische Star des Kaukasus ist ein eleganter Jäger mit dunklen Flecken. Der Kaukasus-Leopard *(Panthera pardus ciscaucasica)* galt schon in den 1960er-Jahren als ausgestorben. Doch 2001 machten sich Mitarbeiter der Naturschutzorganisation WWF auf die Suche nach Spuren und Hinterlassenschaften der großen Katze – mit Erfolg: Mindestens 20 bis 30 Tiere hatten an den Hängen des Kleinen und des Großen Kaukasus überlebt.

In den weitläufigen Wäldern und abgelegenen Gebirgsregionen ihrer Heimat können sich durchaus noch mehr Leoparden verbergen. Doch der kleine und weit verstreute Bestand wird ohne Schutzmaßnahmen wohl nicht überleben. Denn ein Leopardenfell zu besitzen, gilt in der Region bis heute als Beweis männlicher Tapferkeit – für etliche Wilderer Grund genug, die Tiere illegal zu erlegen. Zu schaffen macht den Leoparden aber auch die unkontrollierte Jagd auf ihre Beutetiere, zu denen Rehe, Hirsche, Wildschweine und Gämsen gehören. Um den illegalen Abschuss von Leoparden und Wild einzudämmen, hat der WWF in mehreren Regionen Anti-Wilderer-Brigaden ausgebildet. Die Leoparden vor Gewehren zu bewahren, genügt allerdings nicht. Denn die Wälder des Kaukasus schrumpfen bedenklich.

Amurleopard

Vom Aussterben bedroht Noch gefährdeter als der Kaukasus-Leopard ist der Amurleopard *(Panthera pardus orientalis)*. Bei einer Bestandsaufnahme 2007 fanden sich nur noch Spuren von 14 bis 20 erwachsenen Exemplaren dieser Unterart und fünf bis sechs Jungtieren. Sämtliche der gefleckten Katzen schleichen durch ein kleines Gebiet in Russland, das nur knapp so groß ist wie Luxemburg.

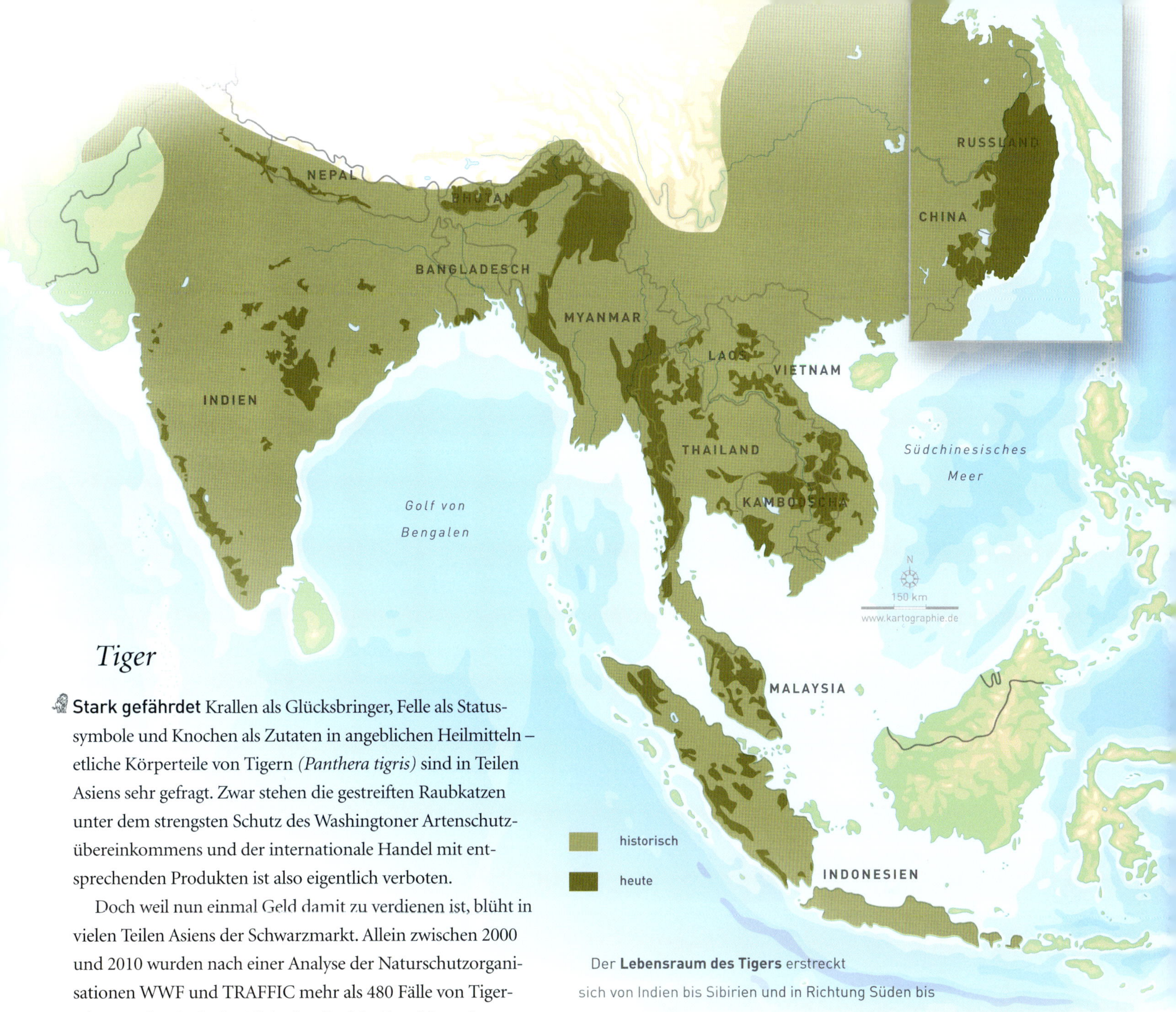

Map labels:

NEPAL
BHUTAN
BANGLADESCH
MYANMAR
LAOS
VIETNAM
INDIEN
THAILAND
KAMBODSCHA
Golf von Bengalen
Südchinesisches Meer
MALAYSIA
INDONESIEN
RUSSLAND
CHINA

N
150 km
www.kartographie.de

Tiger

Stark gefährdet Krallen als Glücksbringer, Felle als Status-symbole und Knochen als Zutaten in angeblichen Heilmitteln – etliche Körperteile von Tigern *(Panthera tigris)* sind in Teilen Asiens sehr gefragt. Zwar stehen die gestreiften Raubkatzen unter dem strengsten Schutz des Washingtoner Artenschutz-übereinkommens und der internationale Handel mit ent-sprechenden Produkten ist also eigentlich verboten.

Doch weil nun einmal Geld damit zu verdienen ist, blüht in vielen Teilen Asiens der Schwarzmarkt. Allein zwischen 2000 und 2010 wurden nach einer Analyse der Naturschutzorgani-sationen WWF und TRAFFIC mehr als 480 Fälle von Tiger-schmuggel aufgedeckt. Allein für die dabei beschlagnahmten Produkte mussten nach Schätzungen der Experten deutlich

historisch

heute

Der **Lebensraum des Tigers** erstreckt sich von Indien bis Sibirien und in Richtung Süden bis nach Indonesien – allerdings ist er beträchtlich geschrumpft.

Genau wie die anderen Tigerarten nutzen die **Bengal-Tiger** die Seen und Flüsse in ihrem Lebensraum gern zum Schwimmen.

Der **Sibirische Tiger**, der im Fernen Osten Russlands sowie in einigen Regionen Chinas und Nord-koreas lebt, kommt mit Schnee und Kälte sehr gut zurecht. «

Die majestätischen **Tiger** sind viel unterwegs. Die Männchen beanspruchen oft große Reviere mit einer Fläche von bis zu 100 Quadratkilometern.

Sumatra-Nashörner haben eine Vorliebe für Schlammbäder. Eine Unterart dieser Dickhäuter, das Sabah-Nashorn, singt dabei sogar. »

mehr als 1000 der großen Raubkatzen ihr Leben lassen. Da die entdeckten Fälle aber in der Regel nur die Spitze des Eisbergs sind, gilt die Wilderei heute neben der Zerstörung der Lebensräume als größte Bedrohung für die Tiere.

Dabei sind die Bestände ohnehin schon drastisch geschrumpft. So sollen zu Beginn des 20. Jahrhunderts noch rund 100 000 der vierbeinigen Jäger durch die Wälder zwischen dem asiatischen Teil der Türkei, dem fernen Osten Russlands und verschiedenen Regionen Süd- und Südostasiens geschlichen sein. Mittlerweile aber sind drei der neun Unterarten ausgestorben und auch die Bestände der übrigen nehmen immer weiter ab. Schätzungen zufolge soll es zu Beginn des 21. Jahrhunderts weltweit nur noch zwischen 3000 und 5000 Tiger geben. Die meisten dieser Tiere leben in Indien.

Sabah-Nashorn

Vom Aussterben bedroht Einem Nashorn mag man ja alles Mögliche zutrauen. Aber Gesangstalent? Das scheint so gar nicht zu dem gängigen Bild zu passen, das man von diesem Dickhäuter hat. Umso überraschter war Petra Kretzschmar vom Leibniz-Institut für Zoo- und Wildtierforschung (IZW)

Java-Nashorn

Seltene Verwandtschaft Der nächste Verwandte des Panzernashorns ist das Java-Nashorn *(Rhinoceros sondaicus)*, das einst sowohl auf dem südostasiatischen Festland als auch auf Java und Sumatra durch die Regenwälder trottete. Inzwischen aber sind die Bestände auf winzige Reste geschrumpft. Zwischen 40 und 60 Dickhäuter sollen noch im Ujung-Kulon-Nationalpark auf Java leben, weniger als zehn weitere werden im Cat-Tien-Nationalpark in Vietnam vermutet. Damit ist das Java-Nashorn die seltenste Nashornart der Welt und wird von der IUCN als „vom Aussterben bedroht" eingestuft. Eine Ursache für sein Verschwinden ist die Zerstörung der Regenwälder im Tiefland Südostasiens. Noch schwerer aber wiegt die Nachfrage der traditionellen asiatischen Medizin nach den Hörnern der Tiere, die etwa als fiebersenkende Mittel eingesetzt werden.

in Berlin, als sie ein weibliches Sabah-Nashorn *(Dicerorhinus sumatrensis harrissoni)* auf der Insel Borneo belauschte. Das Tier badete in einem Schlammloch und gab dabei ein Lied zum Besten, das an Walgesang erinnerte.

Sabah-Nashörner sind aber nicht nur die musikalischsten, sondern mit 1,30 Meter Schulterhöhe und 500 bis 600 Kilogramm Gewicht auch die kleinsten Nashörner der Welt. Sie führen ein verborgenes Leben in den Tieflandregenwäldern des malaysischen Bundesstaats Sabah im Norden Borneos.

Wissenschaftler hoffen, die Stimmen der einzelnen Tiere mit einer speziellen Software auseinanderhalten zu können. So ließe sich mehr darüber herausfinden, wie viele dieser ungewöhnlichen Dickhäuter es eigentlich gibt. Groß ist der Bestand jedenfalls nicht. Nach bisherigen Schätzungen, die auf der Analyse von Fußspuren beruhen, sollen nur noch etwa 50 Exemplare durch zwei isolierte Regenwaldgebiete trotten. Ohne Schutzmaßnahmen könnte diese Unterart des Sumatra-Nashorns also bald verschwunden sein. Um das zu verhindern, haben das IZW und der Leipziger Zoo gemeinsam mit malaysischen Behörden und Naturschutzorganisationen ein großes Rettungsprogramm gestartet.

Königskobra

Gefährdet Für den Titel „größte Giftschlange der Welt" gibt es nur eine Bewerberin: Die Königskobra *(Ophiophagus hannah)* wird normalerweise zwischen drei und vier Meter lang, es wurden aber auch schon mehr als fünf Meter lange Exemplare gesichtet. Die in verschiedenen Brauntönen gefärbten Tiere schlängeln sich vor allem durch Wälder im tropischen Süd- und Südostasien und machen Jagd auf andere Schlangen und Echsen. Ihr Biss kann für Menschen tödlich sein. Allerdings sind Königskobras eher scheu, sodass es nur selten zu gefährlichen Begegnungen kommt. Bedroht ist die eindrucksvolle Schlange durch die Zerstörung ihrer Lebensräume, sie wird aber auch wegen ihrer Haut und ihres Fleisches sowie als Haustier und Zutat für vermeintliche Heilmittel gefangen.

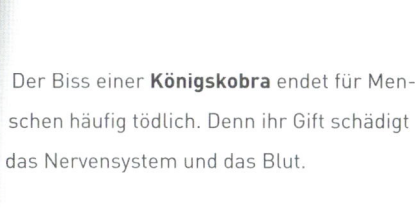

Der Biss einer **Königskobra** endet für Menschen häufig tödlich. Denn ihr Gift schädigt das Nervensystem und das Blut.

125

Gras- und Buschland

Die Graslandschaften Asiens reichen von den trockenen, baumlosen Steppen Zentralasiens bis zu den feuchteren, tropischen Savannen in Indien. Jahrtausendelang sind Tiere mit den jeweiligen Tücken dieser Lebensräume gut zurechtgekommen. Inzwischen aber haben Jäger und Landwirte auch im Gras- und Buschland die Bedingungen verschlechtert.

Durch Jagd und die Zerstörung ihres Lebensraums sind die Verbreitungsgebiete aller drei **asiatischen Nashornarten** stark geschrumpft. »

Typisch für **Panzernashörner** sind ihre auffälligen Hautfalten. Die Tiere sehen dadurch so aus, als trügen sie eine Rüstung aus Panzerplatten.

Panzernashorn

Gefährdet Graubraune, oft mehr als zwei Tonnen schwere Kolosse mit faltiger Haut und einem bis zu 60 Zentimeter langen Horn im Gesicht trotteten einst durch die Grasländer, Sümpfe und Wälder zwischen Indien und dem Süden Chinas. Doch wie viele seiner Verwandten hat auch das Panzernashorn *(Rhinoceros unicornis)* die Zerstörung seiner Lebensräume und die Heerscharen von Jägern nicht gut verkraftet. Zu Beginn des 20. Jahrhunderts gab es weltweit keine 100 dieser eindrucksvollen Dickhäuter mehr.

Weibliche **Panzernashörner** gebären immer nur einzelne Kälber, die sie drei Jahre lang betreuen. »

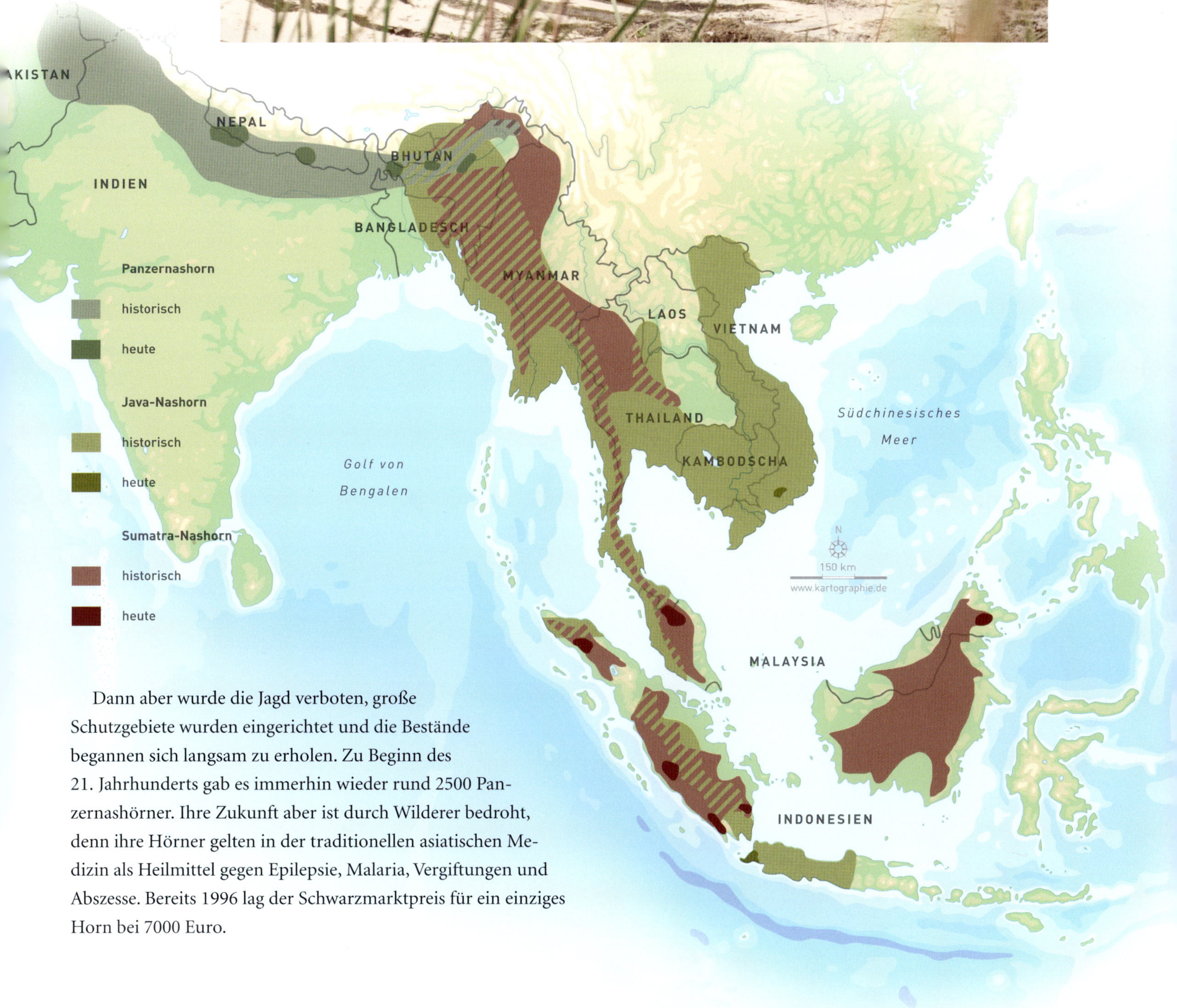

PAKISTAN

NEPAL

INDIEN

BHUTAN

BANGLADESCH

MYANMAR

LAOS

VIETNAM

THAILAND

KAMBODSCHA

Südchinesisches Meer

Golf von Bengalen

MALAYSIA

INDONESIEN

Panzernashorn

historisch

heute

Java-Nashorn

historisch

heute

Sumatra-Nashorn

historisch

heute

N

150 km

www.kartographie.de

Dann aber wurde die Jagd verboten, große Schutzgebiete wurden eingerichtet und die Bestände begannen sich langsam zu erholen. Zu Beginn des 21. Jahrhunderts gab es immerhin wieder rund 2500 Panzernashörner. Ihre Zukunft aber ist durch Wilderer bedroht, denn ihre Hörner gelten in der traditionellen asiatischen Medizin als Heilmittel gegen Epilepsie, Malaria, Vergiftungen und Abszesse. Bereits 1996 lag der Schwarzmarktpreis für ein einziges Horn bei 7000 Euro.

Przewalski-Pferd

Vom Aussterben bedroht Pferde sind nicht unbedingt als typische Winterschläfer bekannt. Dabei machen zumindest Przewalski-Wildpferde *(Equus ferus przewalskii)* im Winter nichts anderes als Murmeltiere oder Igel: Sie fahren ihren Stoffwechsel drastisch herunter und senken damit auch ihre Körpertemperatur. So sparen sie in der kalten und nahrungsarmen Jahreszeit wertvolle Energie. Von außen sieht man ihnen allerdings nicht an, dass sie sich gerade im Energiesparmodus befinden. Deshalb sind Walter Arnold und seine Kollegen von der Veterinärmedizinischen Universität Wien dem Winterschlaf der Huftiere auch nur durch umfangreiche Stoffwechseluntersuchungen auf die Spur gekommen. Ihre Erkenntnisse sind interessant für die Zukunft der vom Aussterben bedrohten Wildpferde.

Nach dem Ende der letzten Eiszeit hatten sich die vorher in ganz Eurasien verbreiteten Ahnen der Hauspferde in die Steppen Zentralasiens zurückgezogen. Dort wurden sie allerdings so lange gnadenlos gejagt, bis sie 1970 in freier Wildbahn ausgestorben waren. Nur in Gefangenschaft überlebten einige Tiere, von denen alle heute noch lebenden Przewalski-Pferde abstammen.

1990 schlossen sich verschiedene Organisationen zu einem Verband zusammen, der sich nach dem mongolischen Namen der Tiere „International Takhi Group" nennt. Ziel war die Wiederansiedlung eines überlebensfähigen Bestands in der Mongolei. Allerdings hatten einige Experten Zweifel, ob das als neue Pferdeheimat ausgewählte Gebiet in der Wüste Gobi nicht zu harsch ist. Immerhin fällt das Thermometer dort im Winter mitunter auf minus 40 Grad Celsius. Halten die Pferde das langfristig überhaupt aus? Seit die Forscher die Kälteanpassungen der Tiere kennen, können sie diese Frage bejahen. Jetzt setzt sich die International Takhi Group dafür ein, den neuen Lebensraum der Pferde zu schützen.

Saiga

Vom Aussterben bedroht Frostige Winter, hitzeflirrende Sommer und nur karges Gras – es ist nicht gerade ein einfacher Lebensraum, den sich die Saiga-Antilopen *(Saiga tatarica)* in den Steppen Kasachstans und anderer Länder Zentralasiens ausgesucht haben. Vielleicht ist das der Grund dafür, dass die Huftiere mit der auffälligen Rüsselnase so weite Wanderungen unternehmen: Es gilt, sich zu jeder Jahreszeit die günstigsten Bedingungen zu sichern. Also legten noch bis Anfang der 1990er-Jahre jedes Jahr bis zu eine Million Saigas lange Distanzen zurück.

Dann aber dezimierten Wilderer die Bestände immer mehr. Abgesehen hatten sie es vor allem auf die Hörner der Männchen, die in der traditionellen chinesischen Medizin als fiebersenkende Mittel teuer bezahlt werden. Also spannten die Wilderer zwischen zwei Motorrädern ein Seil knapp über der Kopfhöhe einer ausgewachsenen Saiga-Antilope und rasten damit durch eine Herde. Das Seil verfing sich dann in den Hörnern und riss die Männchen um, während die Weibchen entkamen. Zusätzlich gab es auch noch einheimische Jäger, die mit Saiga-Fleisch ihren kargen Speiseplan bereicherten.

Bis zum Jahr 2002 waren die Herden so nicht nur auf 30 000 Tiere geschrumpft, durch das große Interesse an den Männchen hatte sich auch das Geschlechterverhältnis verändert: Auf ein Männchen kamen jetzt deutlich mehr als die früher üblichen 20 Weib-

Saigas haben eine sehr auffällige Nase, die an einen Rüssel erinnert. Hörner besitzen bei dieser Art nur die Männchen.

chen. In den übergroßen Harems aber verwehrten dominante Weibchen schwächeren Tieren den Kontakt mit den Männchen. Die einjährigen Tiere wurden so praktisch gar nicht mehr trächtig, der Bestand nahm weiter ab.

Seit sich aber die Menschen mehr und mehr aus den Steppendörfern zurückziehen und ihr Glück in den Städten versuchen, haben die Antilopen wieder bessere Überlebenschancen – zumal kasachische Naturschutzverbände gemeinsam mit der Zoologischen Gesellschaft Frankfurt und der britischen Royal Society for the Protection of Birds (RSPB) Ranger-

Im Laufe der Erdgeschichte hat es mehrere Unterarten des Wildpferdes gegeben. Doch nur das **Przewalski-Pferd** hat bis heute überlebt.

brigaden aufstellen, die den Wilderern das Handwerk legen sollen. Bei einer Zählung im Jahr 2009 kamen die Naturschützer in den Steppen Zentralasiens wieder auf rund 40 000 Tiere.

Bengalgeier

Vom Aussterben bedroht Die Religionsgemeinschaft der Parsen in Indien bekam zu Beginn des 21. Jahrhunderts ein ernsthaftes Problem. Verstorbene zu begraben oder zu verbrennen, kommt für diese Menschen nicht in Frage. Schließlich gelten Erde und Feuer als heilige Elemente, die nicht verunreinigt werden dürfen. Also bringt man die Toten traditionell auf die sogenannten Türme des Schweigens und überlässt sie den Geiern.

Die geflügelten Bestatter hatten auch immer sehr zuverlässig gearbeitet. Der Bengalgeier *(Gyps bengalensis)* galt lange als häufigster großer Raubvogel der Welt, etliche Millionen der großen Aasfresser kreisten über den Grasländern, Wäldern und Ortschaften der Region. Seit Mitte der 1990er-Jahre aber kamen aus Indien, Nepal und Pakistan immer mehr schlechte Nachrichten. Mancherorts halbierten sich die Bestände Jahr für Jahr, in nur zehn Jahren verschwanden in der Region mehr als 95 Prozent der Geier.

Hauptursache war ein Medikament namens Diclofenac, mit dem indische Viehhalter verschiedene Krankheiten ihrer Rinder behandelten. Fressen Geier eine tote Kuh mit dieser Substanz im Körper, bekommt ihnen die Mahlzeit schlecht. Denn das Medikament schädigt ihre Nieren und die Vögel können nicht mehr genug Harnsäure ausscheiden. Dieses Abfallprodukt des Stoffwechsels lagert sich dann in den Organen ab und führt dort zu einer Art Gicht. Innerhalb weniger Tage versagen die Organe und der Vogel stirbt.

Daher werben Naturschützer nun für alternative Tiermedikamente und versuchen, die großen Aasfresser in Zuchtstationen vor dem Aussterben zu retten.

Bengalgeier hockten in Indien früher scharenweise in den Bäumen – bis ein Medikament für Rinder vielen von ihnen das Leben kostete.

Indiengeier

Vom Aussterben bedroht Der Indiengeier (*Gyps indicus*) gehört in Indien und Pakistan traditionell zur Riege der geflügelten Aasbeseitiger. Die bis zu sechs Kilogramm schweren Vögel, deren breite Flügel eine Spannweite von mehr als zwei Metern erreichen, kreisten dort früher in Scharen über den Savannen und Ortschaften und reinigten die Landschaft von krankheitsübertragenden Kadavern. In den 1990er-Jahren aber brachen die Bestände dieser Art ebenso ein wie die ihrer Verwandten. Das Tiermedikament Diclofenac brachte die gefiederte Gesundheitspolizei an den Rand des Aussterbens.

Komodowaran

Gefährdet Die Komodowarane (*Varanus komodoensis*) scheinen nicht so recht in die moderne Welt zu passen. Die gewaltigen Echsen mit der graubraunen Schuppenhaut, die auf einigen der zu Indonesien gehörenden Kleinen Sundainseln leben, wirken schon eher wie Überbleibsel aus den Zeiten der Dinosaurier – oder wie sagenhafte Drachengestalten. Bis zu drei Meter lang können die Reptilien werden, mehr als 80 Kilogramm bringen manche auf die Waage. Und wenn sie Hunger haben, können sie durchaus Beutetiere von der Größe eines Wasserbüffels zur Strecke bringen.

Lange haben Wissenschaftler darüber gerätselt, wie sie dieses Kunststück fertigbringen. Denn die Kiefer der größten heute noch lebenden Echse sind eigentlich gar nicht stark genug, um eine so kräftige Beute niederzuringen oder gleich totzubeißen. Das Rätsel schien gelöst, als sich im Speichel der „Drachen" gefährliche Bakterien fanden, die eine

Blutvergiftung aus-
lösen können. Nach einer gängi
gen Theorie braucht der Waran nach
dem Biss also nur noch zu warten, bis
seine anvisierte Mahlzeit die Kräfte
verlassen. Dazu passt allerdings nicht,
dass manche Opfer ziemlich rasch sterben. Erst
im Jahr 2009 haben Wissenschaftler herausgefunden, dass
die Reptilien neben ihren ungesunden Bakterien auch
noch ein Gift besitzen, das sie den Opfern durch ihren
Biss verabreichen.

Das alles hilft den Reptilien allerdings nichts, wenn es
durch Wilderei und Rodungen immer weniger große Beutetiere wie Wasserbüffel, Wildscheine und Mähnenhirsche für
sie gibt. Auch die Lebensräume der großen Echsen selbst
schrumpfen immer weiter, wenn Felder die Savannen und
Monsunwälder verdrängen. Schätzungen gehen am Anfang
des 21. Jahrhunderts von etwa 4000 Komodowaranen aus, es
könnten aber auch weniger als 3000 sein.

Wie alle ihre Verwandten sind auch **Indiengeier** gute Segel-flieger. Ihre breiten Flügel er-reichen eine Spannweite von mehr als zwei Metern.

Komodowarane sind heutzutage die größten Echsen der Welt. Ihre noch gewaltigeren Verwandten sind schon vor Zehntausenden von Jahren ausgestorben.

Gebirge

Der Himalaja ist das höchste Gebirge der Erde – so hoch, dass viele Menschen Atemnot bekommen. Dort und in den anderen Bergketten des Kontinents sind Tierarten zu Hause, die sich an die Höhen angepasst haben. Obwohl nur wenige Menschen in solchen rauen Regionen leben, sind auch dort genau wie in den asiatischen Mittelgebirgen etliche Arten bedroht.

Große Pandas sind im Gegensatz zu anderen Bären strenge Vegetarier. Bambus ist ihre Leibspeise.

Großer Panda

Stark gefährdet Obwohl er gar nicht in den vergletscherten Hochgebirgen lebt, sondern nur bis in 4000 Metern über dem Meeresspiegel durch die Wälder streift, ist der Große Panda *(Ailuropoda melanoleuca)* sicherlich die bekannteste Tierart aus den Gebirgen Asiens. Schließlich wirbt die weltweit arbeitende Naturschutzorganisation WWF bereits seit den 1960er-Jahren mit ihm als Wappentier und Logo, manchmal gilt der Große Panda als Symboltier für den Naturschutz schlechthin.

Die auffälligen Tiere mit dem schwarzweißen Fell, den tiefschwarzen Ohren und dunklen Augenringen werden von vielen Menschen als süß oder drollig empfunden. Leider hat sein schönes Fell den Großen Panda zur beliebten Jagdbeute gemacht.

Obendrein holzte die wachsende Bevölkerung im Verbreitungsgebiet der Art im gesamten Osten Chinas und in Myanmar viele lichte Bergwälder ab, in denen Pandas ihre wichtigste Nahrung, den Bambus, fanden. Auch der Fang vieler Bären für Zoos dezimierte die Bestände so stark, dass China die Art bereits 1939 unter strengen Schutz stellte. Die drakonischen Strafen für Wilderei und Pelzhandel reichen auch am Anfang des 21. Jahrhunderts noch bis zur Todesstrafe.

Aber erst als die chinesische Regierung 1998 die letzten drei kleinen, voneinander isolierten Rückzugsgebiete des Panda in den Provinzen Sichuan, Gansu und Shanxi unter Schutz stellte, konnte der Rückgang gestoppt werden. Seit 2006 werden sogar einige Gebiete wieder aufgeforstet, um den Lebensraum des Bären zu vergrößern. Insgesamt lebten am Anfang des 21. Jahrhunderts in der freien Natur zwischen 1000 und 2000 Pandas. Noch hat das Symboltier des Naturschutzes also eine realistische Überlebenschance.

Anders als alle anderen Bärenarten ernährt sich der Große Panda streng vegetarisch. Allenfalls Enzian, Schwertlilien, Krokusse und Bocksdorn ergänzen sein Hauptnahrungsmittel Bambus. Deshalb sind auch die Backenzähne bei dieser Art deutlich größer und breiter als bei anderen Bären. Mit solchen Zähnen lässt sich die faserige Pflanzenkost gut zermahlen. Der Handwurzelknochen der Vorderpfote ist verlängert, erinnert an einen Daumen und ist sehr praktisch, um damit Bambusstängel zu greifen. Besonders niedlich finden viele Menschen die Tischsitten der Pandas, die beim Essen aufrecht sitzen. Kaum eine gefährdete Tierart eignet sich deshalb besser zum Sympathieträger des Artenschutzes.

Roter Panda

Gefährdet Der Rote oder auch Kleine Panda *(Ailurus fulgens)* hat mit dem Großen Panda einige Gemeinsamkeiten. Beide sind innerhalb der Bärensippe ausgeprägte Pflanzenfresser mit einer Vorliebe für Bambus, den sonst nur wenige Tiere schätzen. Beide haben zudem jeweils einen sechsten Finger, der wie ein Daumen den anderen Fingern gegenübersteht. Dabei sind die beiden Arten gar nicht sehr nahe miteinander verwandt, auch äußerlich ähneln sie sich kaum.

Strenge Winter machen den **Großen Pandas** in den Gebirgen Asiens wenig aus, solange sie genug Bambus finden.

Der **Rote Panda** verschläft den Tag im Geäst und vertilgt in der Nacht riesige Mengen Bambus.

Während der Große Panda vom Körperbau her wie ein typischer Bär aussieht, erinnert der Kleine Panda mit seinem rötlichen Fell und der spitzen Schnauze eher an einen Fuchs. Nur ernährt sich der Rote Panda eben vegetarisch. Und er gilt ganz anders als der Rotfuchs als bedrohte Art. Sein Lebensraum sind die dichten Rhododendron- und Eichenbergwälder mit starkem Bambusunterholz, die im Himalaja und in den Bergen im Osten Chinas in Höhen zwischen 2000 und 4600 Metern über dem Meeresspiegel wachsen. Tagsüber schläft der Kleine Panda dort in schattigen Baumkronen oder Baumhöhlen. In der Dämmerung und der Nacht kaut der Kleinbär im roten Fell dann am Boden Bambusschösslinge. Und weil diese nicht allzu viele Nährstoffe enthalten, benötigt er Unmengen davon.

Die Menschen aber roden nicht nur die Bergregenwälder, in den verbliebenen Lebensräumen des Roten Pandas fressen zudem die Yaks der Bergbauern den Bambus kurz. Die Naturschützer des WWF schätzen, dass allenfalls noch 2500 Kleine Pandas im fortpflanzungsfähigen Alter im östlichen Himalaja und in China leben.

Kurze Beine, gedrungener Körper: Trotz ihres Namens ist die **Tibetantilope** eher mit den Ziegen verwandt.

Schneeleopard

Stark gefährdet Der Schneeleopard (*Uncia uncia* oder *Panthera uncia*) ist für die Hochgebirge Zentralasiens das typische Großraubtier. Bis auf 6000 Meter über dem Meeresspiegel streift die gefleckte Katze durch die Region zwischen dem Himalaja und dem Süden Russlands. Diese trotz ihres Namens am engsten mit dem Tiger verwandte Art ist perfekt an die eisigen Regionen angepasst. So sind die Pfoten sehr breit und haben ein dichtes Haarpolster. Wie auf Schneeschuhen läuft die Großkatze damit über den Schnee und kann so Wildschafe, Schraubenziegen, Moschustiere, Steinböcke, Murmeltiere und Pfeifhasen im Sprint auf kurze Distanz erwischen.

Diese Beute wird allerdings knapp, weil ihr auch menschliche Jäger nachstellen. Hungrige Schneeleoparden holen sich ihre Mahlzeiten daher auch schon einmal aus den Herden der Menschen und werden damit rasch selbst zu Gejagten. Ohnehin stellen Wilderer Schneeleoparden häufig nach, weil sich ihr Fell lukrativ verkaufen lässt und die Knochen in der chinesischen traditionellen Medizin heiß begehrt sind. Die letzten 4000 bis 6500 Schneeleoparden leben heute auf einer riesigen Fläche, die mit fast zwei Millionen Quadratkilometern ungefähr halb so groß wie die Europäische Union ist.

Tibetantilope

Stark gefährdet Die rehgroße Tibetantilope (*Pantholops hodgsonii*), die auch Tschiru oder Orongo genannt wird, war einst eines der häufigsten Tiere auf dem Hochplateau Tibets in Höhen zwischen 3700 und 5500 Metern. Zum

Verhängnis wurde der Art ihre Wolle, die als besonders warm gilt. Und da für einen Luxusschal fünf Tschirus ihr Leben lassen müssen, wurde die Tibetantilope vor allem in den 1990er-Jahren intensiv bejagt und gilt seither als stark gefährdet.

Selbst in den Alpen werden heute **Yaks** gehalten. In ihrer asiatischen Heimat werden sie aber immer seltener. »

Yak

Gefährdet Das Yak *(Bos mutus)* wird seit vermutlich 4000 Jahren als Nutztier in den Hochgebirgen Asiens gehalten, die wilden Vorfahren dieser Rinder verschwinden aber zunehmend aus ihrer Heimat zwischen dem Himalaja und der tibetischen Hochebene. Der Grund sind Wilderer, die das schmackhafte Fleisch der zum Teil mehr als eine Tonne schweren Bullen teuer verkaufen. Die Rinder mit dem zotteligen Fell gehen aber auch den Menschen und ihrem Vieh aus dem Weg. Und weil die Nutztierherden wachsen und in immer neue Gebiete vordringen, schrumpft gleichzeitig der Platz für die Yaks, die weltweit als gefährdet gelten.

Moschustiere

Die meisten Arten stark gefährdet Vor der Ausrottung der Moschustiere oder Moschushirsche aus der Gattung *Moschus* warnt vor allem die Naturschutzorganisation WWF. Sieben oder acht Arten dieser Hirsche leben in den unzugänglichen Gebirgsregionen Asiens zwischen Sibirien und Korea. Zum Verhängnis wird ihnen das duftende Sekret aus den Drüsen der Männchen, mit denen diese Weibchen anlocken. Während die Parfümhersteller heute weitgehend auf die preiswerteren künstlichen Moschusdüfte aus der chemischen Industrie umgestiegen sind, ist Moschus in der traditionellen asiatischen Medizin heiß begehrt. Mehr als 400 chinesische und koreanische Medikamente enthalten Moschus, das Spektrum der Anwendungen reicht von Kreislaufbeschwerden bis zu Nervenleiden. Für ein Kilogramm Moschus wurden im Jahr 2010 bis zu 45 000 US-Dollar gezahlt. Damit war ein Gramm des Sekrets ähnlich teuer wie die gleiche Menge Gold – dadurch ist der Anreiz für Wilderer groß. Deshalb überrascht es kaum, wenn die IUCN die meisten Arten der Moschushirsche als stark gefährdet einstuft.

Wie verwandte Arten auch wird der **Sibirische Moschushirsch** vor allem wegen der Duftstoffe gejagt, mit denen er Weibchen anlockt. »

Seinen dicken Schwanz nutzt der **Schneeleopard** bei großer Kälte auch gern als wärmende Decke. «

Wüsten und Halbwüsten

Zwischen der Arabischen Halbinsel und den westlichen Regionen Chinas zieht sich ein Gürtel von trockenen Wüsten und Halbwüsten durch den asiatischen Kontinent. Dort leben seit jeher nur wenige Menschen. Die Tierwelt hat sich den kargen Bedingungen des Gebiets angepasst – dennoch sind einige Tierarten inzwischen gefährdet.

Mit Geschwindigkeiten bis zu 70 Kilometern pro Stunde sind **Asiatische Esel** die schnellsten Vertreter der Pferdefamilie. »

Das Streifenmuster auf seinem Fell hat dem kleinen **Tigeriltis** zu seinem Namen verholfen.

Tigeriltis

Gefährdet Auf den ersten Blick gibt es keinen Grund, warum der Tigeriltis (*Vormela peregusna*) gefährdet sein sollte: Im Gegensatz zu anderen Arten der Marder interessiert sein geflecktes Fell Pelztierjäger nicht sonderlich. Ab und zu mag ein Tigeriltis zwar in einen Hühnerstall eindringen. Gemeinhin schätzen die Bauern aber seine Nachbarschaft, weil er sich vor allem von Nagetieren ernährt, die sich gerne über die Getreideernte hermachen. Obendrein jagt der Tigeriltis in den Wüsten und Steppen, in denen sowieso nur wenige Menschen leben.

Vor allem die Steppen aber werden heute vom Menschen zunehmend in Ackerland umgewandelt. Damit verliert der Tigeriltis zunächst seinen Lebensraum.

Die **Arabische Oryx** ernährt sich von Knospen, Gras und Blättern.

Außerdem stellen die Bauern den für ihre Ernte schädlichen Nagetieren häufig mit Gift nach. Dabei töten sie oft unbeabsichtigt den Tigeriltis gleich mit, der ihnen doch eigentlich dabei hilft, die Mäuse und Ratten im Zaum zu halten.

Asiatischer Esel

Stark gefährdet Die großen Herden der Asiatischen Esel *(Equus hemionus)* sind längst aus den Halbwüsten zwischen der Arabischen Halbinsel und der Mongolei verschwunden. Praktisch überall in ihrem Verbreitungsgebiet fressen ihnen Nutztierherden das karge Gras weg oder werden Steppengebiete in Acker-land umgewandelt. An den wenigen verbliebenen Wasserstellen lauern den kleinen Herden oft Wilderer auf. Sie haben es auf das Fleisch der Tiere abgesehen, die je nach Region als Onager, Kulan, Dschiggetai oder Khur bezeichnet werden. Welt-weit gab es 2008 nur noch um die 8000 erwachsene Asiatische Esel, 16 Jahre vorher waren es noch mehr als doppelt so viele gewesen.

Arabische Oryx

Stark gefährdet Die Einordnung als stark gefährdet mag für andere Arten ein deutliches Warnsignal sein. Bei der Arabischen Oryx *(Oryx leucoryx)* feiern Naturschützer diesen Status dagegen als großen Erfolg. Denn 1972 stand die Art in der Artenschutzskala noch zwei Stufen schlechter da und war in der Natur ausgestorben. Die Überlebenskünstler, die tagelang ohne Wasser auskommen, waren für Fleisch und Leder abgeschossen worden. Oft wurden die Tiere auch nur zum Vergnügen getötet. Überlebt hatten das Massaker ganze neun Oryxantilopen, die alle in US-amerikanischen Zoos leb-ten. In einem teuren Zuchtprogramm wurde diese Herde nach und nach vergrö-ßert. Seit den 1980er-Jahren konnte die Arabische Oryx im Oman, in Jordanien, Saudi-Arabien, den Vereinigten Arabischen Emiraten, Bahrain und Israel wieder ausgewildert werden. Auch wenn die Art im Oman durch Wilderei und man-gelnde Naturschutzarbeit der Regierung erneut auszusterben droht, gilt dieses Auswildern als Erfolg: In anderen Regionen kann sie sich wieder halten.

Seen, Flüsse und Feuchtgebiete

Aus den Gebirgen mit hohen Niederschlägen strömen riesige Flüsse wie Indus und Ganges, Jangtse und Mekong in die südlichen Regionen Asiens. An den Ufern dieser Gewässer reihen sich häufig Dörfer und Städte direkt nebeneinander. Die Tierarten in den Flüssen und Seen aber leiden sehr unter den Folgen dieser Überbevölkerung.

Weil **Ganges- und Indusdelfine** im trüben Wasser schwimmen, gibt es von diesen Tieren mehr Zeichnungen als Fotos.

Ganges- und Indusdelfin

🖌 **Stark gefährdet** Die letzten rund 2000 Gangesdelfine und 1000 Indusdelfine *(Platanista gangetica)* in Indien und Pakistan haben ein Problem: Bei Hochwasser verirren sich die Flussdelfine oft in die vielen Bewässerungskanäle ihrer Heimat und finden nicht mehr in den Fluss zurück, wenn die Pegel wieder sinken. Da Gifte und Fischernetze die Art weiter dezimieren, ist sie stark gefährdet.

Irawadidelfin

🖌 **Gefährdet** Am Mekong in Kambodscha verfingen sich zu Beginn des 21. Jahrhunderts sehr oft Irawadidelfine *(Orcaella brevirostris)* in sogenannten Kiemennetzen, mit denen die Flussanwohner fischten: Die senkrecht aufgestellten Netze sind so feinmaschig, dass Fische sich darin mit ihren Kiemendeckeln verhaken. Petr Obrdlik von der Naturschutzorganisation WWF fand in einer großen Stichprobe heraus, dass mehr als 80 Prozent der Todesfälle unter den Irawadidelfinen auf diese Fisch-fangmethode zurückzuführen waren. Für die schnellen Schwimmer gab es kein Entkommen, wenn sie sich einmal in den Maschen verheddert hatten.

Da die Irawadidelfine in vielen kleinen Buchten Südostasiens und Nordaustra-liens recht isoliert voneinander leben, können solche Todesfälle eine Population rasch auslöschen. Besonders betroffen sind die Meeressäugetiere, die nicht nur in Flussmündungen, sondern auch im reinen Süßwasser des Irawadi in Myanmar, im Mahakam auf Borneo und eben im Mekong schwimmen. Dort haben die Behör-den deshalb seit 2003 die gefährlichen Kiemennetze aus Nylon verboten – und die Zahl der tot gefundenen Delfine schrumpfte erheblich.

Gleichzeitig aber tauchte ein neues Problem für Irawadidelfine auf, von denen im Jahr 2004 noch rund 120 im Mekong schwammen. Jetzt verendeten nämlich viele Jungdelfine, die höchstens 16 Wochen alt waren und noch gesäugt wurden.

Möglicherweise wurde Quecksilber von der Goldwäscherei in den Seitenflüssen des Mekong von Fischen aufgenommen, die ihrerseits von den Delfinmüttern gefressen werden. So könnte das giftige Metall in die Muttermilch geraten. Viel-leicht vergiften aber auch Pflanzenvernichtungsmittel die Tiere. Oder es spielt noch das Gift Agent Orange eine Rolle, das die US-amerikanischen Streitkräfte im Viet-namkrieg über den Nachschubwegen der Nordvietnamesen in Kambodscha ver-sprühten: Darin enthaltene hochgiftige Dioxine werden mit der Zeit langsam in die Nebenflüsse des Mekong ausgeschwemmt und könnten ebenfalls den Delfinkäl-bern zum Verhängnis werden.

Die meisten **Irawadidelfine** leben in den Meeresbuchten Südostasiens und Australiens.

Einige **Irawadidelfine** haben sich auf ein Leben im Süßwasser großer Flüsse – wie hier im Mekong – spezialisiert.

Dreistreifen-Scharnier-schildkröten liefern für die traditionelle Medizin Asiens wichtige Produkte.

dampft. Das Ganze ist aber nicht nur Medizin, sondern auch ein Luxusdessert. Und weil das Geschäft mit der Delikatesse boomt, werden die Schildkröten längst in Farmen zu Hunderttausenden gezüchtet. Da ein Tier im Durchschnitt für 1800 US-Dollar über den Ladentisch wandert, werden aber auch die letzten in den Feuchtgebieten Chinas lebenden Dreistreifen-Scharnierschildkröten gefangen. Die Art ist daher in der Natur unmittelbar vom Aussterben bedroht.

Dreistreifen-Scharnierschildkröte

Vom Aussterben bedroht Mindestens 20 000 Dreistreifen-Scharnierschildkröten *(Cuora trifasciata)* enden jedes Jahr in einer Guilinggao genannten chinesischen Medizin. Ähnlich wie in Europa der Knoblauch gelten in Asien Schildkrötenprodukte als Mittel gegen viele Gebrechen. Stundenlang werden die Panzer der Tiere mit einem Kräutermix ausgekocht und das Gebräu zu einer geleeartigen Masse einge-

Chinesischer Riesensalamander

Vom Aussterben bedroht In den glasklaren Bergflüssen Chinas lebt der größte Lurch unserer Tage. Bis zu 180 Zentimeter wird der Chinesische Riesensalamander *(Andrias davidianus)* lang. Er kann 60 Kilogramm auf die Waage bringen. Früher versteckten sich tagsüber sehr viele dieser urtümlichen Lurche im Wasser unter Felsen oder Wurzeln, um in der Nacht Fische, Krebse und Garnelen zu jagen. Körperteile und Organe der Tiere werden für verschiedene Rezepturen der chinesischen Medizin benötigt. Seit 1980 ist die Population daher dramatisch eingebrochen und der Chinesische Riesensalamander war bereits 2004 unmittelbar vom Aussterben bedroht. In den Jahren davor fehlten die Daten für eine Bewertung.

Chinesische Riesensalamander können mehr als 60 Jahre alt werden.

Küsten

Genau wie die Ufer von Seen und Flüssen sind auch die Küsten der Meere oft dicht besiedelt. Leben Menschen und Tiere aber nahe nebeneinander, ziehen oft die Vierbeiner den Kürzeren. Schließlich haben die Zweibeiner normalerweise nicht nur die besseren Waffen, sondern oft auch eine praktische Verwendung für die getöteten Tiere.

Leistenkrokodile können über 70 Jahre alt werden und angeblich bis zu zwölf Monate völlig ohne Nahrung auskommen.

Leistenkrokodil

In Teilen Asiens ausgestorben Aus der Haut des Leistenkrokodils (*Crocodylus porosus*) werden zum Beispiel Taschen und Schuhe gefertigt. Die mehr als sieben Meter langen und damit größten heute lebenden Krokodile wurden daher in den 1950er- und 1960er-Jahren so stark bejagt, dass die Art vom Aussterben bedroht war. Eine der ersten Aktionen des Washingtoner Artenschutzabkommens CITES war daher 1973 ein Handelsverbot für diese Art. Die letzten Überlebenden wurden in Farmen gezüchtet. Von dort kommen seither nicht nur die Häute für Krokoleder, sondern auch junge Leistenkrokodile, die in neugeschaffenen Naturschutzgebieten ausgewildert wurden. Da die meistens im Brackwasser lebende Art Salzwasser gut verträgt und ausgewachsene Exemplare noch 1000 Kilometer von der nächsten Küste entfernt auftauchen, besiedelten die Tiere später auch abgelegene Küsten wieder. Am Anfang des 21. Jahrhunderts konnten die Leistenkrokodile deshalb von der Liste der bedrohten Arten gestrichen werden. In Singapur und Thailand gelten sie aber nach wie vor als ausgestorben.

Nordamerika

Viele Millionen **Bisons** zogen vor der Ankunft der Europäer über die Prärien Nordamerikas.

Prärien und Hochgebirge

Soweit der Blick reicht, erstreckt sich das Grasland in alle Himmelsrichtungen. Die Indianer und die ersten Europäer waren in diesen Prärien Nordamerikas viele Tage unterwegs, bis sich am dunstigen Horizont weit im Westen aus der leicht gewellten Steppenlandschaft ein hoher Gebirgszug erhob: die Rocky Mountains. Great Plains wird die östlich davon liegende Hochebene genannt, die am Fuß der Berghänge immerhin auf rund 1600 Metern über dem Meeresspiegel liegt. Beide Landschaften zusammen machen Nordamerika einzigartig auf der Welt.

Grasland und extreme Temperaturen

An den Rocky Mountains regnen sich die Tiefdruckgebiete ab, die vom Pazifik nach Osten ziehen. Deshalb sind die Great Plains im Windschatten des Gebirges so trocken, dass nur noch typische Steppenpflanzen mit den geringen Niederschlägen auskommen. Gleichzeitig bremst im Sommer kein Gebirgszug die heißen Luftmassen, die vom Golf von Mexiko nach Norden strömen. Im Winter pfeifen die eiskalten Winde ungehindert aus arktischen Breiten bis nach Florida. Das Wetter kann also in allen Jahreszeiten sehr extrem sein.

Der **Schreikranich** wurde im 20. Jahrhundert gerade noch rechtzeitig vor dem Aussterben gerettet.

Nordamerika

Utah-Präriehunde spähen aufmerksam nach Feinden, wenn sie in feuchten Senken der Prärie das frische Grün abweiden.

Seeotter | 165

Schreikranich | 160

Amerikanischer Bison | 154

Fleckenkauz | 148

Schwarzfußiltis | 154

Wandertaube | 148

Utah-Präriehund | 152

Karolinasittich | 151

Kalifornischer Kondor | 156

Rotwolf | 153

Insel-Graufuchs | 164

Löffelstör | 162

Gila-Krustenechse | 159

Kalifornische Gopherschildkröte | 159

Geierschildkröte | 161

ATLANTISCHER OZEAN

Arasittich | 150

Säugetiere

Vögel

Langnasenfledermaus | 158

Reptilien

Amphibien

Axolotl | 162

Fische

PAZIFISCHER OZEAN

Wälder

In Nordamerika gibt es nicht nur weite, scheinbar endlose Prärien und Felsgebirge, sondern auch ausgedehnte Wälder. Einst erstreckten sie sich auf mehr als 1000 Kilometern Breite von der Atlantikküste im Osten des Kontinents bis zur Randzone der Great Plains. Auch im Westen sind große Teile der Gebirge von Nadelwäldern bedeckt.

Wandertaube

Ausgestorben Als die frühen europäischen Siedler über den Wäldern im Osten Nordamerikas riesige Schwärme von Wandertauben *(Ectopistes migratorius)* fliegen sahen, waren die Tiere noch eine der häufigsten Vogelarten der Welt. Über einen Kilometer breit und mehr als 100 Kilometer lang sollen die Schwärme gewesen sein, in denen die Vögel im Herbst dicht nebeneinander von ihren Brutgebieten in Südkanada und im Nordosten der USA in ihre Winterquartiere am Golf von Mexiko flogen.

Drei bis fünf Milliarden Wandertauben dürften am Anfang des 19. Jahrhunderts auf dieser Strecke unterwegs gewesen sein. In den 1870er- und 1880er-Jahren ließ dann die hemmungslose Jagd auf die Vögel die Bestände zusammenbrechen. Am 22. März 1900 wurde zum letzten Mal eine frei lebende Wandertaube im US-Staat Ohio gesehen. Und am 1. September 1914 starb im Zoo von Cincinnati die letzte Wandertaube in Gefangenschaft, die mit Martha den Namen der Ehefrau des ersten US-Präsidenten George Washington trug. Vorher waren Versuche einer Zucht in Gefangenschaft kläglich gescheitert. Die Wandertaube brütete nur in großen Kolonien – die wenigen Tiere in menschlicher Obhut waren wohl zu einsam für eine Fortpflanzung gewesen.

Forstindustrie und Naturschützer streiten seit Jahrzehnten erbittert über Naturwälder für den Fleckenkauz. ▸▸

Hobbyjäger rotteten innerhalb von nur zwei Jahrzehnten die Wandertaube aus. 1914 starb der letzte Vogel dieser Art.

Fleckenkauz

Vorwarnliste Der Fleckenkauz *(Strix occidentalis)* könnte in naher Zukunft das Schicksal der Wandertaube teilen. Der Vogel aus der Eulenfamilie lebt in den Nadelwäldern weit im Westen Nordamerikas. Hat sich ein Paar einmal gefunden, bleibt es ein Leben lang zusammen und legt seine Eier in Baumhöhlen, die mindestens zwölf Meter über dem Boden liegen. Solche Nistgelegenheiten finden sich meistens nur in alten Bäumen, die in Wirtschaftswäldern aber selten sind. Werden größere Flächen – wie in Nordamerika vielerorts üblich – kahl geschlagen, gibt es dort für den Fleckenkauz gar keine Nistmöglichkeit mehr.

Obendrein beansprucht ein Paar der nur 600 Gramm schwere Tiere ein großes Revier, das bisweilen mehr als 5000 Hektar Wald umfasst. Um die Art zu erhalten, müssten daher sehr große Waldflächen geschützt werden. Dagegen aber wehren sich die Interessenverbände der Wirtschaft, an deren Spitze die Forstindustrie steht. Obwohl nur noch rund 15 000 Fleckenkäuze durch die Nadelwälder Nordamerikas gleiten, verhinderten sie, dass die Art höher als in der Vorwarnliste der bedrohten Arten eingestuft wird. Ohne höheren Gefährdungsstatus aber müssen keine großen Schutzgebiete ausgewiesen werden. Im Norden des US-Staates Washington und im Süden Kanadas zählen Naturschützer daher jedes Jahr nur noch halb so viele Fleckenkäuze wie im jeweiligen Vorjahr. In Kanada lebten 2010 noch 30 Paare dieser Vögel – ein Aussterben in diesem Land scheint unvermeidlich. Weiter im Süden ist der Rückgang zwar weniger dramatisch, aber auch dort stehen die Chancen für den Fleckenkauz schlecht.

Arasittich

🦜 **Stark gefährdet** Der Arasittich (*Rhynchopsitta pachyrhyncha*) hat das gleiche Problem wie der Fleckenkauz, ist dem Aussterben aber deutlich näher: In den kühleren Hochlagen der Bergwälder im westlichen Mexiko finden diese Papageien zum Nisten kaum noch Höhlen in alten Bäumen. Die lauten Rufe des Arasittichs hallen daher nur noch selten durch die Sierra Madre Occidental. Im Jahr 2004 dürften nicht viel mehr als 2000 Exemplare durch die Wälder geflattert sein, danach schrumpfte die Population weiter.

Kiefernsamen sind das Leibgericht des **Arasittichs,** der aber auch Eicheln, Gras und Nektar nicht verschmäht.

Die großen Schwärme der bunten
Karolinasittiche Nordamerikas gibt
es nur noch auf Zeichnungen, in
der Natur wurden sie vor über
100 Jahren ausgerottet.

Karolinasittich

🦜 **Ausgestorben** Auch auf
dem heutigen Staatsgebiet
der USA lebte noch im 19. Jahrhundert ein Papagei in großen Schwärmen:
der Karolinasittich *(Conuropsis caroli-
nensis)*. Als die europäischen Siedler die
Wälder abholzten, in denen die Papageien
zwischen dem US-Staat New York und dem Golf von
Mexiko brüteten, passten die Vögel sich noch an: Riesige
Scharen des Karolinasittichs fielen bald über die Äpfel und
Birnen auf den Obstwiesen her, die an Stelle der Wälder
gepflanzt wurden.

Gut bekommen ist der Art die Umstellung nicht, wurde
sie nun doch als Schädling verfolgt. Sobald ein Papagei

geschossen wurde,
flatterten die anderen Tiere seines Schwarms auf-
geregt um den toten Vogel herum. So erwischten die Jäger
leicht den ganzen Schwarm, und am Anfang des 20. Jahrhunderts war die Art ausgerottet. Nur in Deutschland hätte
fast ein Schwarm Karolinasittiche überlebt, der dort in den
1870er- und 1880er-Jahren ausgewildert worden war. Doch
dieser Schwarm wurde an zwei Wintertagen von einem Jäger
aus purem Vergnügen vernichtet.

Gras- und Buschland

Wie schon vor der Ankunft der Siedler aus Europa erstreckt sich auch heute noch welliges Flachland über weite Gebiete im Zentrum Nordamerikas. Diesen Prärien aber haben die Menschen in den letzten Jahrhunderten ihren Stempel aufgedrückt. Fast überall haben sie die einstige Steppe zu Äckern umgebrochen oder nutzen sie als Viehweide. Die Verlierer waren die Arten, die früher in der Prärie lebten.

Utah-Präriehunde leben in Familien aus einem Männchen mit mehreren Weibchen und deren Nachwuchs.

Utah-Präriehund

Stark gefährdet Einst hatte er ausgedehnte Städte unter der Oberfläche der Great Plains im heutigen US-Bundesstaat Utah angelegt. Der Utah-Präriehund *(Cynomys parvidens)* war eine Art unterirdischer Herrscher dieser Prärien, bevor die Siedler aus Europa das Grasland für sich beanspruchten. Die Neuankömmlinge begannen, die nur 30 Zentimeter langen und rund ein Kilogramm schweren Nager aus der Familie der Hörnchen zu verfolgen, weil sie sich am Getreide gütlich taten und so die Ernte schmälerten. Mit Unterstützung der Regierung vergifteten die Farmer die Tiere oder schossen sie ab. Im Jahr 2004 gab es vermutlich nur noch 8000 dieser kleinsten aller Präriehunde.

Rotwolf

Vom Aussterben bedroht Gerade mal einen Meter lang und 25 Kilogramm schwer ist der Rotwolf *(Canis rufus)*, ein Bewohner der Urwälder vom Süden Nordamerikas bis hinauf zur heutigen Grenze zwischen den USA und Kanada im Nordosten des Kontinents. Allerdings jagten die Rudel auch im Buschland und in Sümpfen. Obwohl Rotwölfe aufgrund ihrer geringen Größe vor allem kleinere

Der **Rotwolf** ist eine eigenständige Art, wurde aber lange nur für eine Unterart des Wolfes oder eine Mischung aus Wolf und Kojote gehalten.

Beute wie Hasen jagen, fürchteten die Farmer um ihre Herden und witterten die Jäger Nordamerikas Konkurrenz, die ihnen Hirsche vor der Flinte wegfangen könnte. Mit Fallen und Gewehren stellten sie dem Rotwolf nach: 1970 hatten nur noch 17 Tiere im Osten von Texas überlebt.

Die letzten Rotwölfe wurden damals eingefangen, die Art war damit in der Natur ausgestorben. Jedoch klappte die Zucht in Gehegen, sodass heute beinahe 200 Rotwölfe in menschlicher Obhut leben. Seit 1987 wurden in einem abgelegenen Gebiet im Osten des US-Staates North Carolina vier Rotwolfpaare ausgewildert, in anderen Regionen wurden weitere Tiere ausgesetzt. Mit Erfolg: 2003 lebten wieder 20 Rudel mit insgesamt rund 100 Rotwölfen in der Natur.

Schwarzfußiltis

Stark gefährdet Bereits zweimal galt der Schwarzfußiltis (*Mustela nigripes*) als ausgestorben. Und beide Male ist er von den Toten wiederauferstanden: Im Jahr 2007 gab es weltweit wieder rund 1000 dieser etwa ein Kilogramm schweren und 50 Zentimeter langen Marder.

Der Grund für den raschen Niedergang der Schwarzfußiltisse war ihre Beute: Ungefähr 90 Prozent der Mardernahrung besteht aus Präriehunden. Mit ihrem langen, schlanken Körper kriechen die geschickten Jäger problemlos in die unterirdischen Siedlungen dieser Nager. Dort fressen sie nicht nur die Präriehunde, sondern besetzen auch gleich noch deren Bau als eigene Wohnung. Die Farmer des Mittleren Westens aber halten Präriehunde für ihre Erzfeinde und rücken ihnen in regelrechten Ausrottungsfeldzügen mit Giftködern zu Leibe.

Der **Schwarzfußiltis** jagt meist als Einzelgänger die Präriehunde Nordamerikas.

Dadurch wurden die Präriehunde so stark dezimiert, dass der Schwarzfußiltis nicht nur ohne Beute blieb, sondern auch noch obdachlos wurde. Die noch am Anfang des 20. Jahrhunderts weit verbreiteten Marder galten am Ende der 1970er-Jahre in der Natur als ausgestorben.

Dann aber entdeckten Farmer und Naturschützer 1981 in der Nähe des Ortes Meeteetse im US-Staat Wyoming eine letzte Kolonie, in der noch rund 130 Schwarzfußiltisse lebten. Allerdings drohte eine Infektionskrankheit auch diese Kolonie auszulöschen. Zwischen 1985 und 1987 wurden daher die letzten 18 Überlebenden eingefangen und die Art galt erneut als „in der Natur ausgestorben".

Bis zum Jahr 2008 wurden dann in Zoos insgesamt 6000 Schwarzfußiltisse geboren. In acht US-Staaten und in Chihuahua in Mexiko wurde die Art seither an 18 Stellen wieder ausgewildert. Die meisten der neuen Kolonien benötigten 2008 noch Unterstützung von Naturschützern. Aber immerhin stand damals bereits eine der Kolonien in Wyoming und zwei weitere in South Dakota auf eigenen Beinen – der Schwarzfußiltis scheint der Ausrottung erst einmal entkommen zu sein.

Amerikanischer Bison

Vorwarnliste Zwischen 25 und 70 Millionen Amerikanische Bisons (*Bison bison*) sollen einst durch die Prärien zwischen Alaska, Mexiko, der amerikanischen Ostküste und

Kalifornien getrottet sein. Doch unter den Schüssen der
weißen Siedler begannen die Herden rasch zu schrumpfen.
Als im 19. Jahrhundert die Eisenbahnlinien quer durch
den Kontinent gebaut wurden, entwickelte
sich das wahllose Töten der massigen,
bis zu einer Tonne

Im Yellowstone National Park überlebten
die letzten **Amerikanischen Bisons** in freier
Wildbahn.

Die massigen **Bisons**
sind nicht nur kraft-
volle Kämpfer,
sondern auch
schnelle
Sprinter.

schweren Grasfresser zu einer Art Volkssport. Ein einziger Jäger erlegte am Tag bis zu 100 der großen Büffel. In der Natur hatten dieses Massaker am Ende des 19. Jahrhunderts ganze 23 Bisons im Pelican Valley des Yellowstone National Park überlebt.

Schon vorher aber hatten Privatleute begonnen, die großen Weidetiere als Lieferanten für Steaks und Rinderbraten zu züchten. Die meisten der im Jahr 2010 auf eine halbe Million Tiere geschätzten Herden haben zwar auch Hausrinder unter den Vorfahren, doch es konnten auch reinrassige Bisons wieder ausgewildert werden. Im Jahr 2008 stampften wieder rund 15 000 dieser riesigen Rinder durch verschiedene Nationalparks und Schutzgebiete. Zwei dieser Bisonherden leben in Kanada, drei in den USA und eine in Mexiko.

Am nackten Kopf und Hals des **Kalifornischen Kondors** bleiben kaum Reste der Eingeweide hängen, wenn die Vögel ihre Nahrung aus einem Kadaver holen.

Kalifornischer Kondor

🦅 **Vom Aussterben bedroht** Noch im 16. Jahrhundert lebte der Kalifornische Kondor *(Gymnogyps californianus)* überall im Südwesten und an der Westküste der heutigen USA. In felsigem Buschland, in Nadelwäldern und mit Eichen bestandenen Savannenlandschaften zogen die mächtigen Vögel mit dem schwarzen Gefieder und dem nackten Hals ihre Jungen auf und suchten nach Aas. Dann aber wurden sie beliebte Zielscheiben von Jägern und

Dank einer Flügelspannweite von drei Metern segelt ein **Kalifornischer Kondor** auch mit einem Körpergewicht von 14 Kilogramm sehr elegant.

Ranchern. Letztere hatten die Geier als Viehdiebe in Verdacht, weil sie immer mal wieder an toten Kälbern oder Lämmern fraßen.

Im 20. Jahrhundert kamen neue Gefahren auf den Kalifornischen Kondor zu. Immer mehr Tiere verendeten an Stromleitungen oder holten sich beim Fressen von angeschossenem Wild eine Bleivergiftung durch Jagdmunition. Auch die Zerstörung ihrer Lebensräume und die illegalen Aktivitäten von Eiersammlern ließen ihre Bestände stark schrumpfen. Für den Kalifornischen Kondor schien das Ende gekommen.

Bis zum Jahr 1987 wurden dann die letzten acht frei lebenden Tiere eingefangen, in der Natur war die Art damit ausgestorben. In menschlicher Obhut betrug der Weltbestand damals nur noch 22 Vögel. In Zoos begannen Biologen mit der mühsamen Arbeit, Kondornachwuchs zu züchten. Sie nahmen den brütenden Paaren ihr erstes Ei weg, um sie zum Legen eines zweiten zu animieren. Das elternlose Küken wuchs im Brutschrank heran und wurde anschließend mit viel Mühe, Geduld und unter Einsatz von kondorförmigen Handpuppen aufgepäppelt. Derweil kümmerten sich die echten Eltern um das zweite Jungtier.

Die ersten Nachkommen aus dieser Zucht wurden 1992 in Kalifornien freigelassen. Zwar ziehen die Vögel in der Natur bisher nur wenig Nachwuchs auf. Immerhin aber lebten im Jahr 2010 wieder 104 ausgewachsene Kalifornische Kondore in der Natur.

Wüsten und Halbwüsten

Im Südwesten Nordamerikas erstrecken sich riesige Wüsten, in denen im Winter selten einmal Schnee fällt, während im Sommer die glühende Hitze oft mehr als 45 Grad Celsius erreicht. Die Tiere der Wüste haben sich perfekt an diese Extreme angepasst und doch sind einige von ihnen gefährdet.

Langnasenfledermaus

Vorwarnliste Erheblich länger als das ohnehin schon enorme Riechorgan der Langnasenfledermaus *(Choeronycteris mexicana)* ist die Zunge des Tieres. In ihrer trockenen Heimat ist das für die auf Nektar spezialisierte Art recht praktisch, weil sie die nahrhafte Masse dort vor allem am Grund der extrem tiefen Blüten von Agaven und Kakteen findet. Da kommt man eben nur an seine Nahrung, wenn die Zunge ein Drittel der Körperlänge hat. Wenn allerdings Viehherden in der Wüste Futter suchen und die Hirten die karge Vegetation abbrennen, verschwinden mit den Kakteen und Agaven auch die Fledermäuse.

Mit ihrer langen Zunge lecken **Langnasenfledermäuse** im Flug Nektar aus den Blüten von Wüstenpflanzen.

Kalifornische Gopherschildkröte

🐢 **Gefährdet** Vor der größten Tageshitze flieht die Kalifornische Gopherschildkröte *(Gopherus agassizii)* in ihre kühlen Höhlen im Boden der Wüsten im Südwesten Nordamerikas. Im Winter ist der Bau wärmer als die dann kalte Wüste und eignet sich hervorragend für die Winterruhe. Bei angenehmen Temperaturen weiden die Schildkröten die kargen Gräser ihrer Heimat ab. Das gemütliche Leben der bis zu fünf Kilogramm schweren Tiere aber gerät zunehmend aus den Fugen, seit Menschen immer häufiger in der Wüste erscheinen. Die Viehherden der Hirten fressen den Panzerträgern das wenige Gras vor dem Maul weg, und auf der Suche nach Bodenschätzen werden die Vegetation und damit die Schildkrötennahrung gleich mit umgegraben. Donnern Geländewagen durch die Wüste, zermalmen sie auch das eine oder andere Reptil. Und dann gibt es auch noch Menschen, die Schildkröten vom Boden auflesen, um sie anschließend in Zoohandlungen als genügsame Haustiere zu verkaufen. In der Wüste aber werden die Tiere immer seltener.

Gila-Krustenechse

🐢 **Vorwarnliste** Kommt ein Mensch ihr zu nahe, kann sich die Gila-Krustenechse *(Heloderma suspectum)* mit einem schnellen Biss wehren, bei dem sie ein äußerst schmerzhaftes, aber nicht tödliches Gift injiziert. So gut diese Gegenwehr auch wirkt, ist die einen halben Meter lange Echse mit den schwarzen und rosa Flecken anderen Aktivitäten der Menschen doch hilflos ausgeliefert. So leben Gila-Krustenechsen vor allem in Wüstenregionen und ernähren sich dabei von den Eiern der in Büschen nistenden Vögel und gelegentlich auch von anderen Kleintieren. Das Buschland aber wird zunehmend in Weideland oder Äcker umgebrochen und die dort lebenden Tiere verlieren ihre Heimat. Hunde und Katzen streunen aus den Siedlungen des Menschen oft weit bis in die Wüste hinein und erwischen dort auch die eine oder andere Krustenechse.

Das wenige Gras in der Wüste genügt der **Kalifornischen Gopherschildkröte,** solange es ihr die Viehherden nicht wegfressen.

Mit rosafarbenen Flecken warnt die wehrhafte **Gila-Krustenechse** vor ihren giftigen Bissen.

Seen, Flüsse und Feuchtgebiete

Wie fast überall in der Welt haben die Menschen auch in Nordamerika die nassen Gebiete besonders stark verändert. Flüsse wurden in ein enges Korsett aus Deichen gezwängt, Sümpfe trockengelegt und zu landwirtschaftlichen Nutzflächen umgewandelt. Mit diesen Veränderungen aber verschwindet oft genug auch der Lebensraum vieler Arten.

Mit 230 Zentimetern Flügelspannweite und sieben Kilogramm Gewicht sind **Schreikraniche** die schwersten Vögel am Himmel über Nordamerika. »

Schreikranich

Stark gefährdet Zwischen dem hohen Norden und dem mexikanischen Hochland schritten die 130 Zentimeter großen, schneeweißen Vögel mit den schwarzen Flecken an den Flügelspitzen und der schwarzen und roten Zeichnung am Kopf einst durch viele flache Gewässer. Menschen aber haben gern trockene Füße, auch die meisten ihrer Nutzpflanzen wurzeln in Feuchtgebieten nur schlecht. Nach und nach legten die Siedler aus Europa daher die Feuchtgebiete Nordamerikas trocken und raubten dem Schreikranich (*Grus americana*) damit seinen Lebensraum, aus dem er Wasserpflanzen, Insekten und andere wirbellose Tiere fischte. Da auch Jäger gern auf die eleganten Vögel anlegten, waren 1938 nur noch 14 erwachsene Schreikraniche übrig.

Seit dieser Zeit greifen Behörden und Naturschützer den Vögeln mit großem Aufwand unter die Flügel. In Kanada wurde das letzte verbliebene Brutgebiet unter Schutz gestellt. Parallel dazu leben Schreikraniche in menschlicher Obhut, deren

160

Nachwuchs ausgewildert wird. Weil viele der Kraniche Zugvögel sind, die in Zoos geborenen Tiere aber ihre Reiseroute nicht kennen können, fliegen menschliche Betreuer ihren Schützlingen mit Ultraleichtflugzeugen voraus und zeigen ihnen den Weg. Auch wenn einige Wiederansiedlungsprojekte aus unterschiedlichen Gründen misslangen, lebten 2007 immerhin wieder 382 Schreikraniche in der Natur Nordamerikas.

Geierschildköten können bis zu 150 Jahre alt werden, wenn sie nicht vorher getötet und von selbsterklärten Feinschmeckern ver-speist werden.

Geierschildkröte

Gefährdet Der martialische Auftritt der Geierschildkröte (*Macrochelys temminckii*) scheint perfekt: Drei Reihen gepanzerter Höcker auf dem Rückenschild, ein riesiges Maul mit scharfen Schnabelkanten und je ein gefährlicher Haken an der Spitze der beiden Schnabelhälften, 80 Kilogramm Lebendgewicht und eine Länge von mehr als 80 Zentimetern – das Tier ähnelt wahrhaftig einer Mischung aus Krokodil und Schildkröte und wirkt wie ein Relikt aus der Zeit der Dinosaurier. Zur Jagd liegt die Geierschildkröte im Schlamm am Grund eines Gewässers und sperrt das Maul weit auf. Ganz vorn an der Zunge wird ein wurmähnlicher Fortsatz stark durchblutet und beginnt sich wie ein roter Wurm zu winden. Das lockt natürlich Fische an – und schon schnappt der Schnabel schlagartig zu und das Leben des Opfers endet im Schildkrötenmagen.

Feinde hat die Geierschildkröte kaum, gefährlich wurde ihr erst ein großer Suppenhersteller in den USA, in dessen Auftrag die massigen Tiere aus dem Wasser geholt wurden. Da auch das Fleisch der Reptilien auf den Tellern menschlicher Feinschmecker landet, verschwinden die urtümlichen Schildkröten zunehmend aus den

Gewässern ihrer Heimat im Südosten der USA. International rangiert die Art längst als gefährdet, trotzdem dürfen Geierschildkröten in den US-Staaten Alabama, Illinois, Kansas, Louisiana, Oklahoma und Texas nach wie vor gefangen und verspeist werden.

Axolotl

Vom Aussterben bedroht Mit dem Axolotl *(Ambystoma mexicanum)* könnten Naturwissenschaftler ein faszinierendes Studienobjekt verlieren. So bleiben die Lurche in ihrem einzigen Lebensraum, ein paar Gewässern in der Nähe von Mexiko-Stadt, in der Form von Larven stecken und entwickeln sich normalerweise nicht zu erwachsenen Salamandern. Dennoch werden diese Dauerlarven spätestens im Alter von 15 Monaten geschlechtsreif und pflanzen sich fort. Außerdem hat der Axolotl neben den Kiemen einer Larve noch die Lungen eines erwachsenen Lurches.

Verliert ein Axolotl eine Gliedmaße oder ein Organ, wächst das betroffene Körperteil wieder nach, selbst Teile des Herzens und des Gehirns regenerieren sich auf diese Weise. Trocknen die Gewässer langsam aus, in denen ein kerngesunder Axolotl lebt, und bleibt die Luft gleichzeitig feucht, entwickeln sich

Ursprünglich wurden **Löffelstöre** für Süßwasserhaie gehalten. Heute gelten sie als Verwandte der Störe.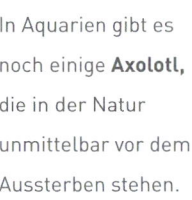

In Aquarien gibt es noch einige **Axolotl,** die in der Natur unmittelbar vor dem Aussterben stehen.

einige dieser Tiere dann doch zu einem erwachsenen Salamander weiter. Wie diese verblüffenden Vorgänge funktionieren, können Wissenschaftler aber zumindest in der Natur kaum noch studieren. Die beiden Seen, in denen die Dauerlarven lebten, gibt es längst nicht mehr: Einer wurde vollständig entwässert, vom zweiten sind nur noch ein paar Kanäle übrig, die auch noch sehr stark mit den Abwässern der Megastadt Mexiko verschmutzt sind. Eine Studie konnte dann auch 2008 keinen einzigen Axolotl in der Natur mehr nachweisen. Allerdings wurden auf den Märkten von Mexiko-Stadt vereinzelt noch Tiere als Delikatesse verkauft – vermutlich wissen die Fischer also, wo die letzten Exemplare leben.

Löffelstör

Gefährdet So leicht lässt sich ein Löffelstör (*Polyodon spathula*) nicht an seiner langen Nase herumführen. US-amerikanische Biologen haben die bis zu 1,80 Meter langen Fische mit dem imposanten, löffelförmigen Auswuchs im Gesicht mit sehr schwachen elektrischen Feldern konfrontiert, wie sie etwa von schwimmenden Wasserflöhen erzeugt werden. Zunächst begannen die Tiere daraufhin, an den Elektroden der Versuchsapparatur nach Nahrung zu suchen. Bald merkten sie allerdings, dass dabei keine Beute heraussprang und ignorierten die künstlichen elektrischen Felder. Löffelstöre

besitzen also einen Elektrosinn, mit dem sie zuverlässig winzige Krebse und anderes Kleingetier aufspüren können.

Solches Plankton gibt es im Mississippi und seinen Nebenflüssen noch reichlich. Das Problem der Löffelstöre, deren nähere Verwandtschaft schon zur Zeit der Dinosaurier in den Gewässern unterwegs war, ist vielmehr der Geschmack ihres Fleisches und ihrer Eier. Beide gelten als Delikatessen, entsprechend begehrt sind die Fische. Wenn dann auch noch Dämme den Löffelstören den Weg zu ihren angestammten Laichgewässern versperren, gilt die Art rasch als gefährdet. Den Behörden scheint dies egal zu sein – Löffelstöre dürfen weiterhin gefangen werden.

Küsten

Die Inseln vor den Küsten von Kontinenten sind häufig besonders empfindliche Lebensräume. Dort entwickeln sich zum Beispiel Arten, die in ihrer Isolation auf dem Festland übliche Gefahren wie Infektionskrankheiten oder gefährliche Raubtiere nicht kennen. Erreichen diese Gefahren die Inseln, brechen die Populationen dort rasch zusammen.

Wie viele auf kleineren Inseln lebende Arten ist der **Insel-Graufuchs** erheblich kleiner als verwandte Arten auf dem Festland.

Insel-Graufuchs

Vom Aussterben bedroht Der Insel-Graufuchs *(Urocyon littoralis)* lebt ausschließlich auf den Kanalinseln vor der kalifornischen Küste unweit von Los Angeles. Menschen haben auf diesen Inseln Schweine ausgesetzt, die 1994 den vorher dort nicht vorkommenden Steinadler anlockten. Für den aber waren die gerade einmal katzengroßen Inselfüchse eine ideale Beute. Ihre Zahl sank dramatisch, bereits 1999 lebten auf der 38 Quadratkilometer großen Insel San Miguel nur noch 14 Tiere.

1999 brachte dann wohl ein Haushund das Hundestaupevirus auf die bewohnte Insel Santa Catalina. In nur einem Jahr tötete der Erreger rund 90 Prozent der Füchse auf der Insel. Ein Impfprogramm beugt seither der Hundestaupe vor, Haustiere dürfen vom Festland nicht mehr nach Santa Catalina gebracht werden. Und die verwilderten Hausschweine wurden genauso von den Inseln entfernt wie viele der Steinadler. Der Insel-Graufuchs könnte also doch noch eine Überlebenschance haben.

Seeotter

Stark gefährdet Die bis zu 150 Zentimeter langen Seeotter *(Enhydra lutris)* sind mit ihrem Gewicht von 40 Kilogramm zwar die größten Marder, aber auch die kleinsten Säugetiere, die fast ausschließlich im Meer leben. Dabei sind die kräftigen Hinterbeine mit großen Schwimmhäuten und der als Steuer dienende platte Schwanz äußerst praktisch. Hat ein Seeotter Durst, trinkt er das Salzwasser des Meeres und scheidet überschüssiges Salz über die Nieren wieder aus. Das besonders dichte Fell hält einen Seeotter auch ohne Speckschicht warm. Und das nicht nur vor der Küste Kaliforniens, sondern auch im hohen Norden vor den Gestaden Alaskas.

Sein Pelz wäre dem Seeotter aber beinahe zum Verhängnis geworden. Seit 1740 lauerten Pelzjäger den Tieren auf, bis 1900 hatten sie die Art nahezu ausgerottet. Dank des 1911 unterzeichneten internationalen Vertrags, der die Art weltweit schützt, erholten sich die Bestände zwar wieder. Gleichzeitig aber kamen neue Probleme auf die Tiere zu: So macht ihnen die zunehmende Meeresverschmutzung stark zu schaffen und viele Seeotter ertrinken, weil sie sich in Fischernetzen verheddern. Vor den zentralen Inseln der Aleuten vor der Küste Alaskas dagegen dezimieren seit einigen Jahren Orcas die Seeotterbestände dramatisch. Schuld daran sind wohl die Fischer der Region, die dem Stellerschen Seelöwen die Beute vor der Schnauze weggefangen haben. In den 1980er-Jahren brachen die Bestände dieser Art massiv ein. Dies wiederum brachte die Orcas in Schwierigkeiten, zu deren Leibspeise die Seelöwen gehören. Und so stiegen die einige Tonnen schweren Orcas notgedrungen auf die viel kleineren Seeotter als Beute um.

Seeotter lassen sich gern auf dem Rücken schwimmend in den Küstengewässern des Pazifiks treiben.

165

Mittel- und Südamerika

Isthmus von Panama

Heute bilden Nord- und Südamerika einen Doppelkontinent, dessen Teile über den gerade einmal 55 Kilometer breiten Isthmus von Panama verbunden sind. Vor mehr als 15 Millionen Jahren waren beide Landmassen aber noch durch eine breite Meeresstraße voneinander getrennt. In dieser Zeit brachen tief unter dem Meeresspiegel Unterwasservulkane aus, die bald ihre Gipfel aus dem Wasser hoben.

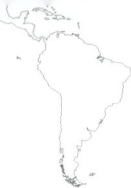

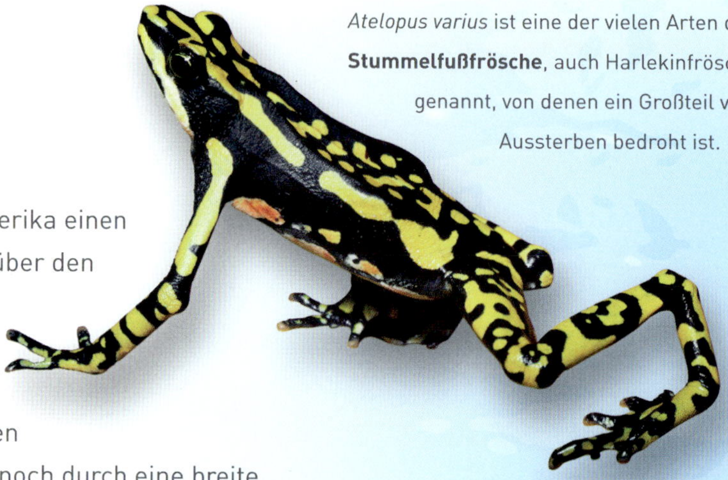

Atelopus varius ist eine der vielen Arten der **Stummelfußfrösche**, auch Harlekinfrösche genannt, von denen ein Großteil vom Aussterben bedroht ist.

Beuteltiere in Bedrängnis

Schon damals gelangten viele nordamerikanische Arten über die Inseln bis nach Südamerika. Dort aber lebten noch viele Beuteltiere, für die das Leben schwierig wurde, als die ersten modernen Säugetiere aus dem Norden eintrafen. Als Meeresströmungen die Wasserstraßen zwischen den Inseln vor ungefähr drei Millionen Jahren schließlich mit Sand und Schlamm aufgefüllt hatten, war die Meeresstraße geschlossen und der Isthmus von Panama hatte sich gebildet. Über ihn strömten bald viele weitere Arten nach Südamerika.

Galapagos-Seebär | *198*
Galapagos-Seelöwe | *199*

Stummelkormoran | *200*
Galapagospinguin | *201*
Galapagosalbatros | *201*
Mangrove-Darwinfink | *202*

Galapagos-Riesenschildkröte | *202*
Galapagos-Meerechse | *203*
Galapagos-Landleguan | *205*

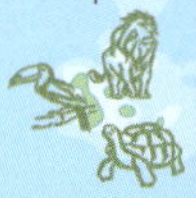

300 Kilogramm bringt ein **Mittelamerikanischer Tapir** auf die Waage – und bleibt im Regenwald doch fast unsichtbar.

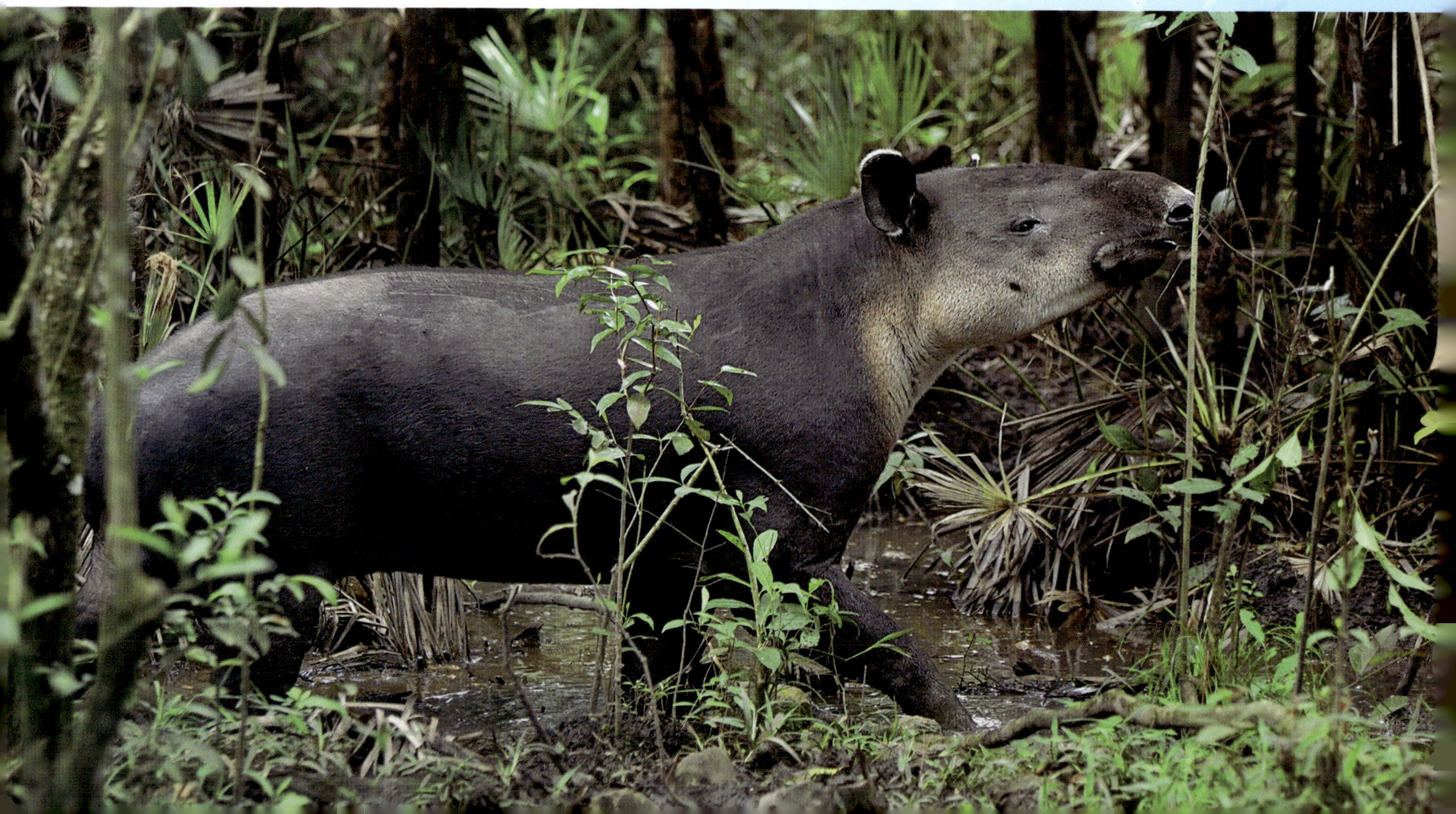

Mittel- und Südamerika

Mittelamerikanischer Tapir | 170

Spitzkrokodil | 191

Stummelfußfrösche | 180

Orinoko-Krokodil | 191

Großer Soldatenara | 180

Klammeraffen | 172

Schrecklicher Pfeilgiftfrosch | 181

Jaguar | 178

Amazonas-Flussdelfin | 189

Amazonas-Manati | 188

Roter Uakari | 177

Kleiner Soldatenara | 180

Mohrenkaiman | 193

Riesenotter | 190

Rothandbrüllaffe | 177

Brillenbär | 185

Großer Ameisenbär | 182

Nördliches Kugelgürteltier | 182

Kragenfaultier | 170

Hyazinth-Ara | 183

Nördlicher Spinnenaffe | 174

Kurzschwanz-Chinchilla | 184

Goldgelbes Löwenäffchen | 172

Südlicher Spinnenaffe | 174

PAZIFISCHER OZEAN

Andenkondor | 187

Langschwanz-Chinchilla | 184

Humboldtpinguin | 195

Küstenotter | 194

Südandenhirsch | 186

N

250 km

www.kartographie.de

Magellanpinguin | 196

Vor allem am Morgen stoßen **Brüllaffen** die lauten Rufe aus, denen sie ihren Namen verdanken.

Das kobaltblaue Gefieder des **Hyazinth-Aras** ist in der Tierwelt wohl einmalig.

Säugetiere

Flussdelfine

Vögel

Reptilien

Amphibien

Wälder

Vom Norden kommende Arten verdrängten viele Spezies Südamerikas. Dramatisch wurde die Aussterbewelle aber erst, als auch die ersten Menschen in Südamerika auftauchten. Einen weiteren Höhepunkt erreichte das Artensterben dann nach der Ankunft der Europäer. Besonders betroffen waren die Wälder Südamerikas, die in einigen Regionen fast völlig abgeholzt wurden.

Im Fell des **Kragenfaultiers** wachsen Algen, die das Tier auf größere Entfernung tarnen. »

Das **Kragenfaultier** kommt nur noch in einem kleinen Gebiet des Küstenregenwalds im Osten Brasiliens vor. Sein Leben läuft auf Sparflamme, daher gilt es als Energiesparer unter den Säugetieren.

Kragenfaultier

Stark gefährdet Als die Portugiesen in der ersten Hälfte des 16. Jahrhunderts Südamerika erreichten, gab es noch dichten Regenwald auf einer Länge von 3000 Kilometern entlang der Atlantikküste. Von diesen einst 1,2 Millionen Quadratkilometern sind heute keine fünf Prozent mehr übrig. Den Rest haben die Neuankömmlinge mit der Machete gerodet oder niedergebrannt, um Zuckerrohr und Kaffee anzubauen. In solchen Plantagen aber kann das Kragenfaultier (*Bradypus torquatus*) nicht leben. Genauso schnell wie der Regenwald verschwanden also auch diese Säugetiere mit den behäbigen Bewegungen von der Erde. Von beiden, Regenwald und Kragenfaultierpopulation, waren am Anfang des 21. Jahrhunderts daher nur noch kümmerliche Reste übrig.

Goldgelbe Löwenäffchen tragen genau wie Löwen eine mächtige Mähne, erbeuten aber ausschließlich kleinere Tiere und Vogeleier.

Ein **Geoffroy-Klammeraffe** turnt durchs Geäst der mittelamerikanischen Regenwälder. ➤➤

Goldgelbes Löwenäffchen

Stark gefährdet Gerade noch 300 der kleinen Krallenäffchen mit dem leuchtend goldenen Fell huschten in den 1980er-Jahren durch die letzten Waldfragmente kaum 90 Kilometer entfernt von Rio de Janeiro. Das Goldgelbe Löwenäffchen (*Leontopithecus rosalia*) stand unmittelbar vor dem Aussterben. Mit mehr als einer Million Euro finanzierte dann die Zoologische Gesellschaft Frankfurt (ZGF) die Auswilderung der Art aus Zoos, in denen sich seit den 1970er-Jahren rund 70 Tiere eifrig vermehrt hatten.

In der Natur fangen die gerade einmal 30 Zentimeter großen Äffchen mit ihren auffallend langen Fingern Insekten, Spinnen, Eidechsen und Baumfrösche. Mangels Erfahrung hatten die ausgewilderten Zootiere dabei aber nur mäßigen

Erfolg. Erst als die ZGF sie fütterte, ging es ihnen besser. Die in Freiheit geborenen Nachkommen der ersten Generation kennen ihre Umwelt aber wieder gut und meistern die Herausforderungen des Regenwalds hervorragend. Aus den seit 1984 ausgewilderten 146 Löwenäffchen und den restlichen Überlebenden in Freiheit war am Anfang des 21. Jahrhunderts eine Wildpopulation von etwa 1000 Tieren geworden.

Sie leben ihren Tag, wie es ihre Vorfahren wohl schon vor Jahrmillionen taten: Aufstehen um sechs Uhr morgens bei Sonnenaufgang, danach Futter suchen bis elf Uhr, anschließend zwei Stunden Siesta. Diese Pause nutzen die Tiere auch, um sich gegenseitig das Fell zu pflegen, was gleichzeitig die Familienbande festigt. Bis zum Abendrot streifen sie dann wieder durch das rund 40 Hektar große Revier. Treffen sie auf ihre Nachbarn, verteidigen sie ihr Territorium mit viel Geschrei, aber ohne Kampf. Manches junge Äffchen scheint solche Gelegenheiten auch zu nutzen, um in der Nachbargruppe nach einem möglichen Partner zu suchen. Genau hier aber liegt das größte Problem der Löwenäffchen: Partner des anderen Geschlechts finden sich zwar leicht, doch Reviere für das junge Paar sind Mangelware, weil es viel zu wenig Regenwald gibt. Damit die Art in der Natur aus eigener Kraft überleben kann, wären rund 2000 Äffchen nötig. Für die aber gab es auch 2010 eben noch nicht genügend Platz und der Bestand stagniert auf niedrigem Niveau.

Klammeraffen

Gefährdet bis vom Aussterben bedroht Noch im 19. Jahrhundert turnten überall zwischen Südmexiko und Südbolivien Klammeraffen durch die Regenwälder Süd- und Mittelamerikas. Die sieben Arten der Gattung *Ateles* aber benötigen urtümliche Wälder als Lebensraum, und die verschwinden immer mehr. Dazu kommt noch, dass Menschen in den Regenwäldern die Klammeraffen jagen und essen. Da verwundert es kaum, dass alle sieben Arten auf den Roten

Listen auftauchen. Der Braune Klammeraffe *(Ateles hybridus)* in Kolumbien und Venezuela sowie der Braunkopf-Klammeraffe *(Ateles fusciceps)* in Panama sind sogar unmittelbar vom Aussterben bedroht.

Spinnenaffen

Stark gefährdet bzw. vom Aussterben bedroht Die mit einem Gewicht von 15 Kilogramm und einer Länge von 150 Zentimetern von der Schnauze bis zur Schwanzspitze größten Affen Südamerikas sind vielerorts längst obdachlos. Schließlich hangeln sie sich mithilfe ihres langen Schwanzes im Kronendach durch die Wälder Südostbrasiliens. Weit mehr als 90 Prozent ihrer Heimat sind aber längst zu Brettern und Holzkohle verarbeitet worden. An Stelle der Wälder gibt es heute Plantagen und Felder, es wuchern Millionenstädte wie São Paulo, Rio de Janeiro und Belo Horizonte. Vom Südlichen Spinnenaffen *(Brachy-*

Einer der letzten etwa 1300 **Südlichen Spinnenaffen** klettert in luftiger Höhe durch den Regenwald. «

Unmittelbar vom Aussterben bedroht ist der **Nördliche Spinnenaffe**; kaum mehr 400 Tiere dieser Art leben noch in den Küstenregenwäldern im Osten Brasiliens.

Der **Rote Uakari** neigt
zur Stirnglatze – einigen
Tieren fallen mit Eintritt
der Geschlechtsreife im
Alter von etwa drei Jah-
ren die Haare aus. ◀◀

Die **Rothandbrüllaffen**,
Baumbewohner des
Regenwalds, wird man in
freier Wildbahn selten
auf dem Boden antreffen.

teles arachnoides), der als stark gefährdet gilt, gab es 2005
noch höchstens 1300 Tiere. Von seinem Verwandten, dem
vom Aussterben bedrohten Nördlichen Spinnenaffen *(Bra-
chyteles hypoxanthus),* vermuteten Forscher 2010 sogar nur
noch 300 bis 400 Exemplare in den Wäldern.

Roter Uakari

Gefährdet Das knallrote Gesicht zwischen den Ästen bringt
die Gefühle des anderen Geschlechts in Wallung. Beim Roten
Uakari *(Cacajao calvus)* signalisiert dieses Rot einem poten-
ziellen Partner nämlich: „Ich bin gesund und daher eine gute
Wahl." Hat ein Tier dagegen Malaria, verblasst die Farbe zu
einem schwachen Rosa und der Betroffene bleibt solo. Doch
auch die gesunde Gesichtsfarbe schützt den Roten Uakari
nicht vor den Menschen. Sie dringen nämlich vor allem auf
Flüssen tief in den Regenwald weit im Westen des Amazonasbeckens vor. Vom Kanu aus aber lassen sich die rund drei
Kilogramm schweren Affen, die in den Bäumen am Ufer
leben, leicht erlegen. Zudem beginnt auch die Rodung der

Wälder meist an den Ufern, weil die Baumstämme nur auf
dem Fluss abtransportiert werden können. Und da die Roten
Uakaris anscheinend nur entlang der Gewässer vorkommen,
musste die IUCN sie 2008 als gefährdet einstufen.

Rothandbrüllaffe

Gefährdet Als der Atlantische Regenwald im Südosten Brasiliens nahezu verschwunden war, zogen die Holzfäller einfach weiter in die angrenzenden Wälder im Norden und
Nordwesten, die schon zum Amazonasgebiet gehören. Hier
wie dort leben Rothandbrüllaffen *(Alouatta belzebul).*

Das Schicksal dieser Art verlief in den beiden Regionen
unterschiedlich. Im fast verschwundenen Atlantischen
Regenwald stand sie 2008 unmittelbar vor dem Aussterben:
Es gab allenfalls noch 200 Tiere, die sich auf voneinander
isolierte Gruppen verteilten. Im Amazonasgebiet dagegen
schwingen sich noch sehr viele Rothandbrüllaffen durch das
Kronendach. Doch auch dort verkleinern sich die Populationen parallel zum Verschwinden des Waldes.

Jaguar

Vorwarnliste Als kräftiger und geschickter Jäger genoss der Jaguar *(Panthera onca)* bei den Menschen in Südamerika früher ein hohes Ansehen. Die größte Katze des Kontinents, die 2,40 Meter lang und 85 Kilogramm schwer werden kann, verschaffte sich schon allein durch ihre eindrucksvolle Statur Respekt. In vielen Kulturen galten die Tiere daher als Symbole für Stärke und Macht. So stellten sich die Maya den Gott der Unterwelt in Jaguargestalt vor, und der Pelz der großen

Einst streiften **Jaguare** durch viele Wälder und Grasländer Amerikas. Bis auf wenige andere Regionen ist heute nur noch das Amazonasbecken eine Jaguar-Hochburg.

historisch

heute

Schwarze Jaguare

Die dunkle Verwandtschaft Nicht jeder Jaguar besitzt ein geflecktes Fell. Es gibt auch Tiere, deren Körper durch eine Veränderung im Erbgut ungewöhnlich große Mengen des Pigments Melanin produziert. Dessen dunkle Farbe überlagert die Flecken und die großen Katzen wirken komplett schwarz. Solche dunklen Exemplare gibt es auch bei Leoparden, man nennt sie Schwarze Panther.

Jaguare sind typische Einzelgänger, die feste Reviere von über 100 Quadratkilometern beanspruchen und nach Beute durchstreifen.

Im Nationalpark Santa Rosa in Costa Rica ist dieser **Mittelamerikanische Tapir** unterwegs.

Katzen schmückte ihre Könige. Und bei den Azteken hüllten sich die Soldaten einer Eliteeinheit in die gefleckten Felle der schönen Raubkatze und nannten sich folgerichtig „Jaguarkrieger".

All die Bewunderung hat die großen Katzen allerdings auf Dauer nicht vor Schwierigkeiten bewahrt. So rief die weltweite Nachfrage nach ihren Fellen noch bis Mitte der 1970er-Jahre ein Heer von Jägern auf den Plan. Seither verbietet zwar das Washingtoner Artenschutzübereinkommen den internationalen Handel mit den attraktiven Pelzen. Doch es sind immer noch Wilderer unterwegs, die auf gute Schwarzmarktgeschäfte hoffen. Immer wieder werden Jaguare auch von erbosten Bauern erschossen, wenn sie sich an deren Vieh vergreifen.

Auf solche Beute weichen die Tiere allerdings vor allem deswegen aus, weil ein großer Teil ihres natürlichen Lebensraums mitsamt dem schmackhaften Wild verschwunden ist. Ursprünglich waren Jaguare durch alle möglichen Wälder, Sümpfe und Graslänäder zwischen dem Süden der USA und Argentinien geschlichen. Inzwischen aber sind ihre Bestände vielerorts auf kleine Reste zusammengeschrumpft oder ganz verschwunden. Die Hochburg der gefleckten Jäger ist heute der Regenwald des Amazonasbeckens.

Mittelamerikanischer Tapir

Stark gefährdet Mit seinen bis zu 300 Kilogramm ist der Mittelamerikanische Tapir *(Tapirus bairdii)* das schwerste Säugetier in der Natur Mittel- und Südamerikas. Viel mehr aber wissen auch Zoologen nicht über diesen Rekordhalter, weil er sich in seinem Verbreitungsgebiet zwischen dem

Südosten Mexikos und dem äußersten Norden Kolumbiens fast nie sehen lässt. Nur eines ist sicher: Die Art verschwindet zusehends, weil die dichten Regenwälder ihrer Heimat gerodet werden.

Einmal erlittene Verluste aber können die Tiere nur langsam kompensieren, denn die Weibchen sind mit 13 Monaten ungewöhnlich lange trächtig und bringen immer nur einen kleinen Tapir zur Welt, der dann auch noch zwei Jahre bei der Mutter bleibt. Daher gilt die Art inzwischen als stark gefährdet. Der einzige Lichtblick ist die Beobachtung, dass Tapire wenig Probleme haben, wenn in einem Wald nur einzelne, besonders wertvolle Stämme gefällt werden. Da aber die Regenwälder fast überall völlig kahl geschlagen werden, ist diese Hoffnung wohl eher theoretisch.

Soldatenaras

🐦 **Gefährdet bzw. stark gefährdet** Wer schillernde Federn in fast allen Farben des Regenbogens trägt, ist in Zoohandlungen äußerst begehrt und wird dementsprechend in der Natur immer seltener. Grüne, gelbe, blaue und rote Federn scheinen also das Schicksal des Großen Soldatenaras *(Ara ambiguus)* und des Kleinen Soldatenaras *(Ara militaris)* zu besiegeln. Dabei ist die kleinere Art mit einer Länge von 70 Zentimetern als Haustier offensichtlich pflegeleichter. Also sind Tierfänger für den *Ara militaris* in den Regenwäldern im Tiefland zwischen Mexiko und Bolivien zur größten Bedrohung geworden, die Art gilt als gefährdet. Der mit 85 Zentimetern deutlich größere *Ara ambiguus* ist damit aber keineswegs außer Gefahr. In seiner Heimat zwischen Honduras und Ecuador

lässt sich mit Bananenplantagen im Tiefland nämlich viel mehr Geld verdienen als mit den Regenwäldern, in denen Soldatenaras leben. Neben dem Tierhandel haben also auch die Bananen in den Regalen der Supermärkte dieser Art den Status „stark gefährdet" eingebracht.

Stummelfußfrösche

🐸 **Die meisten Arten vom Aussterben bedroht oder ausgestorben** Die Stummelfußfrösche *(Atelopus)* könnten zur ersten Gattung werden, die der Klimawandel über eine Pilzinfektion auslöscht. Das Problem für diese Tiere heißt „Chytrid". Das ist ein Pilz, der Amphibien in weiten Teilen der Welt zu schaffen macht. „Rasend schnell breitet er sich unter bestimmten Arten aus", berichtet der Biologe Michael Veith, der an der Universität in Trier Biogeografie lehrt. Infiziert der Pilz erst einmal ein Tier, wächst er auf der feuchten Amphibienhaut und verstopft dort sozusagen die Poren. Dann ersticken Frösche und Kröten, weil sie durch ihre Haut atmen.

Die Infektion trifft vor allem Arten, die an Flüssen und Bächen leben. Zu den prominentesten Opfern gehören daher die Stummelfußfrösche, die oft auch Harlekinfrösche genannt werden. In den mittleren Höhen der Anden Südamerikas leben diese Arten oft nur in einem einzigen Tal oder einem Bergkessel und kommen sonst nirgendwo auf dem Globus vor. Erreicht der Pilz eine solche Population, löscht er schnell eine ganze Art aus.

Der auffällig gelbe **Panama-Stummelfußfrosch** lebt in den Bergwäldern Mittelamerikas.

Weil Regenwälder für die Anlage von Bananenplantagen gerodet werden, verliert der **Große Soldatenara** immer mehr Lebensraum.

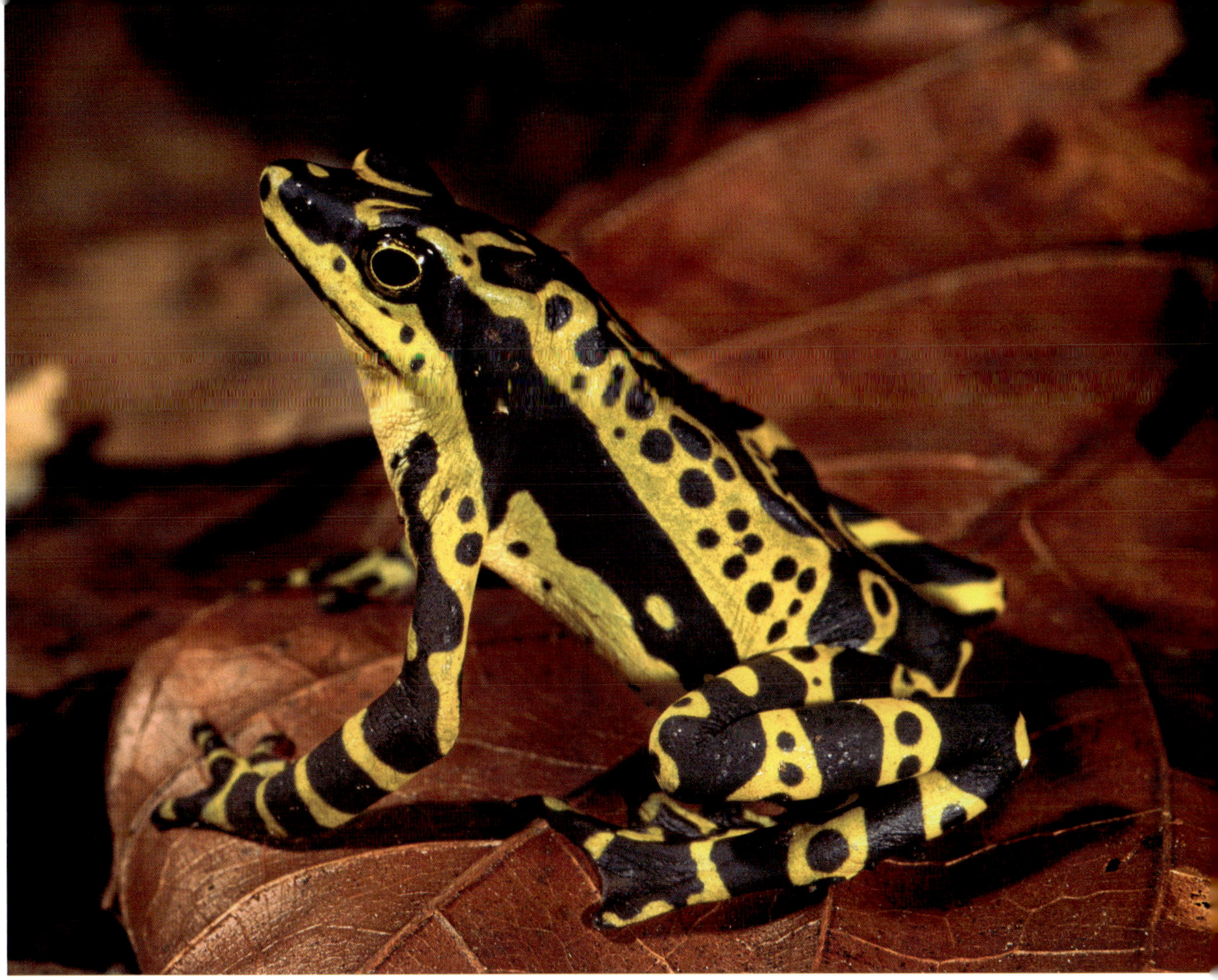

Da der Stummelfußfrosch **Atelopus varius** vor dem Aussterben steht, dürfte er wohl keinen deutschen Namen mehr bekommen.

Der Klimawandel verbessert die Situation für die gefährlichen Pilze. Wenn es nämlich wärmer wird, verdampft mehr Wasser aus den Weltmeeren und es bilden sich mehr Wolken. In den Hochländern des tropischen Amerikas sorgt die stärkere Wolkendecke für kühlere Tage und mildere Nächte. Das kommt den Pilzen entgegen, die bei Temperaturen über 30 Grad Celsius eingehen und auch tiefe Nachttemperaturen schlecht vertragen. Die IUCN verzeichnet in dieser Region 85 Arten von Stummelfußfröschen, davon sind 67 vom Aussterben bedroht und drei weitere bereits für immer von der Erde verschwunden.

Schrecklicher Pfeilgiftfrosch

Stark gefährdet Der kaum fünf Zentimeter lange Schreckliche Pfeilgiftfrosch *(Phyllobates terribilis)* trägt seinen Namen zu Recht. Denn er verteidigt sich mit einem starken Nervengift namens Batrachotoxin gegen seine Feinde. Diese Substanz, mit der die Indianer Kolumbiens schon vor Jahrhunderten ihre Giftpfeile präpariert haben, löst Muskel- und Atemlähmungen aus und kann beim Menschen innerhalb von 20 Minuten zum Tod führen. Ein einziges der gelben Fröschchen trägt in seiner Haut genug davon, um zehn erwachsene Menschen zu töten.

Offenbar müssen die Tiere allerdings bestimmte Milben fressen, aus deren Inhaltsstoffen sie ihre Chemiewaffe herstellen. Wenn sie diese Beute nicht mehr finden, verlieren sie ihr Gift – mit unklaren Folgen für ihr Überleben. Dabei gilt die Art ohnehin schon als stark gefährdet. Schließlich lebt sie nur in einem kleinen Gebiet an der kolumbianischen Pazifikküste. Wird dort der Regenwald abgeholzt, verliert sie ihre Heimat.

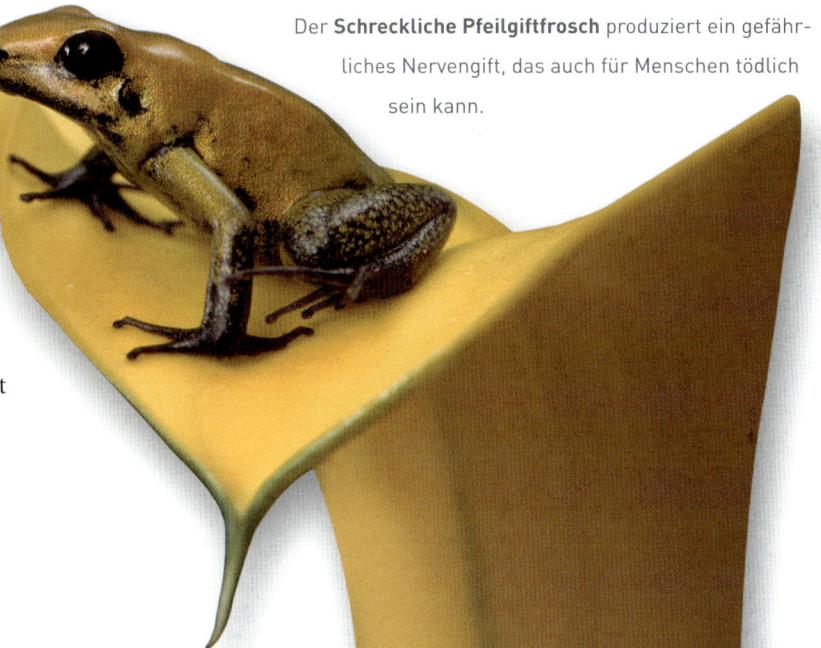

Der **Schreckliche Pfeilgiftfrosch** produziert ein gefährliches Nervengift, das auch für Menschen tödlich sein kann.

Gras- und Buschland

Die bekannteste Graslandschaft Südamerikas ist die Pampa, deren endlose, windgepeitschte Weiten sich vor allem in Argentinien, Uruguay und Brasilien erstrecken. Im Norden geht sie in den Gran Chaco über, für den Dornbusch-savannen und Trockenwälder typisch sind.

Das **Nördliche Kugelgürteltier** schützt seinen gesamten Rücken und die Oberseiten von Kopf und Schwanz mit einem sehr effektiven Schuppenpanzer.

Nördliche Kugel-gürteltiere können ihren Körper bei Gefahr zu einem Ball zusammen-rollen.

Nördliches Kugelgürteltier

Gefährdet Eigentlich kennt das Nördliche Kugelgürteltier *(Tolypeutes tricinctus)* einen guten Trick, um sich Feinde vom Leib zu halten. Es rollt sich bei Gefahr einfach zu einem ringsum gepanzerten Ball zusammen. Im Gras- und Buschland Brasiliens, in dem diese urtümlichen Säugetiere leben, kann höchstens der Puma diesen Schutz durchbrechen. Und natürlich der Mensch: Gürteltiere werden wegen ihres schmackhaften Fleisches intensiv gejagt. Zudem leiden sie unter der Zerstö-rung ihrer Lebensräume, die vielerorts in Zuckerrohr- und Sojaplantagen verwan-delt werden. In den 1990er-Jahren galt die Art bereits als ausgestorben, dann wur-den aber doch noch ein paar verstreute Bestände entdeckt.

Großer Ameisenbär

Gefährdet Von abwechslungsreicher Ernährung halten Große Ameisenbären *(Myr-mecophaga tridactyla)* nichts. Sie haben sich so stark auf Ameisen und Termiten spe-zialisiert, dass sie schon aus anatomischen Gründen kaum andere Nahrung zu sich

nehmen. So haben sie keinen einzigen Zahn im Maul, mit dessen Hilfe sie einen größeren Leckerbissen zerbeißen könnten. Für die Ameisen- und Termitenjagd aber sind sie perfekt ausgerüstet. Mit ihren kräftigen Krallen graben sie zunächst die Baue der Insekten auf und lecken ihre Beute dann mit ihrer bis zu 60 Zentimeter langen Zunge heraus. In wenigen Minuten bekommen sie so Tausende von Insekten in den Magen.

Der Lebensraum der rund einen Meter großen Ameisenfresser aber schrumpft. Sie sind vor allem in den Grasländern Mittel- und Südamerikas zu Hause, kommen aber auch in Wäldern vor. Doch überall machen ihnen Landwirte den Platz streitig. Viele Tiere werden zudem gejagt oder überfahren, auch natürliche oder von Menschen gelegte Brände sind gefährlich für Ameisenbären. Durch all diese Widrigkeiten sollen die Bestände der urtümlichen Säugetiere nach Schätzungen der IUCN allein in den Jahren 2000 bis 2010 um mindestens 30 Prozent geschrumpft sein.

Die Weibchen der **Großen Ameisenbären** tragen ihren Nachwuchs sechs bis neun Monate auf dem Rücken mit sich herum. Nur zum Säugen steigt das Jungtier kurzzeitig ab.

Hyazinth-Ara

🦜 **Stark gefährdet** Mit einer Körperlänge von rund einem Meter kann der Hyazinth-Ara *(Anodorhynchus hyacinthinus)* den Titel „größter Papagei der Welt" für sich beanspruchen. Das macht ihn zu einer sehr attraktiven Erscheinung, was durch sein leuchtend blaues Gefieder noch unterstrichen wird. Gerade ihre Schönheit aber ist der Art zum Verhängnis geworden. Tierfänger haben die dekorativen Vögel zu Tausenden eingefangen, zahllose Aras fristen ihr Leben nun in Käfigen, statt in den Savannen und locker bewaldeten Regionen Brasiliens, Boliviens und Paraguays nach Nüssen und Früchten zu suchen. Nach einer Schätzung aus dem Jahr 2003 soll es in freier Natur nur noch 6500 der gefiederten Schönheiten geben.

Hyazinth-Aras haben ein Faible für Palmfrüchte, die sie mit ihrem kräftigen Schnabel knacken. Auch harte Samen und Nüsse stehen auf ihrem Speiseplan.

Gebirge

Die südamerikanischen Anden sind die längste Gebirgskette der Welt. Über 7500 Kilometer erstrecken sie sich von den tropischen Regionen im Norden bis hinunter zum südlichsten Zipfel Südamerikas. Tiere finden in diesen Berglandschaften die unterschiedlichsten Lebensräume, von Regenwäldern bis zu kargen Hochländern und kahlen Felsregionen.

Langschwanz-Chinchillas haben ein dichtes, weiches Fell, das sie in den kalten Nächten der südamerikanischen Anden wärmt.

Chinchillas

Vom Aussterben bedroht Mit ihrem weichen und extrem dichten Fell haben Chinchillas schon zu Zeiten der Inka das Interesse von Pelzjägern geweckt. Im 19. Jahrhundert boomte dann die Nachfrage. Selbst in ihren oft schwer zugänglichen Lebensräumen, die in Höhen zwischen 3000 und 5000 Metern in den kargen Andenlandschaften liegen, waren die rundlichen Nagetiere nirgends mehr sicher. Chile exportierte allein im Jahr 1900 eine halbe Million Chinchillafelle. Kein Wunder also, dass die Nager immer seltener wurden.

Inzwischen sind sie zwar in ihrem gesamten Verbreitungsgebiet in Argentinien, Chile, Bolivien und Peru geschützt und es gibt zahlreiche Farmen, die Chinchillas als Pelzlieferanten und Heimtiere züchten. Trotzdem schrumpfen die Bestände

weiter. Nur noch rund 10 000 Langschwanz-Chinchillas (*Chinchilla lanigera*) sollen im Norden Chiles leben, Kurz-schwanz-Chinchillas (*Chinchilla chinchilla*) kommen vermutlich nur noch in Chile und Argenti-nien vor, während sie in Peru und Bolivien schon ganz aus-gestorben sind.

Brillenbär

Gefährdet Auch die einzigen Bären Südamerikas haben sich in den Anden eingerichtet. Bril-lenbären (*Tremarctos ornatus*) leben sowohl in den Regenwäl-dern an den Osthängen des Gebir-ges als auch auf den „Páramo" genannten Hochflächen, die in 3200 bis 4800 Metern Höhe oberhalb der Baumgrenze liegen. Manche wagen sich sogar bis in die Küstenwüste Perus hinun-ter – Hauptsache, sie finden genügend Pflanzen für ihren fast ausschließlich vegeta-rischen Speiseplan.

Auf der Suche nach Nahrung gerät der Bär mit der auffälligen Zeichnung im Gesicht aller-dings immer wieder mit Menschen aneinander. In seiner Heimat leben nämlich immer mehr Bau-

Brillenbären leben bevorzugt in den höheren Lagen der Feuchtwälder der südamerikani-schen Anden.

Die geschickten **Brillenbären** kön-nen gut klettern und suchen daher oft auf Bäumen nach Früchten und anderer Nahrung.

ern, die den Wald roden, um Weiden, Äcker oder auch Coca-Felder anzulegen. Wenn der Bär seinen Hunger dann auf Maisfeldern stillt, hat er Glück, wenn er nur mit Warnschüssen vertrieben wird: Solche Begegnungen können ihn auch das Leben kosten.

Südandenhirsch

Stark gefährdet Chiles Wappentier ist scheu und schwer zu entdecken. Wie viele Südandenhirsche *(Hippocamelus bisulcus)* noch zwischen Felsen, Südbuchenwäldern und Bergwiesen umherstreifen, weiß daher niemand so genau. Etwa 1000 bis 2000 sollen es insgesamt sein, verteilt auf mehrere kleine Bestände in Chile und Argentinien. Jäger hatten die einst weitverbreiteten Tiere, die auf Spanisch Huemules heißen, bereits Anfang des 20. Jahrhunderts drastisch dezimiert. Heute ist die Jagd zwar streng verboten, erholt haben sich die Populationen aber nicht. Ihr Lebensraum, der sich früher über 2000 Kilometer entlang der Andenausläufer erstreckt hat, ist bedenklich geschrumpft. Viele natürliche Wälder mussten Weiden und Äckern, Siedlungen und Straßen oder Kiefern- und Eukalyptusplantagen weichen.

Huemules aber benötigen Täler mit Naturwald, in dem sie ihre Jungen gebären und den kalten Winter verbringen können. Im Sommer ziehen sie in höhere Gebirgsregionen bis hinauf zur Baumgrenze, wo sie auf Seen und Flüsse zum

Männliche **Südandenhirsche** verteidigen ihren Anspruch auf eine Gruppe von Weibchen häufig ziemlich aggressiv gegenüber unliebsamen Konkurrenten.

Andenkondore besitzen sehr große Flügel, die problemlos eine Spannweite von 3,20 Metern erreichen können.

Trinken angewiesen sind. Um ein Tier mit so vielfältigen Ansprüchen erhalten zu können, benötigt man große Schutzgebiete. Deshalb haben die chilenische Naturschutzorganisation Codeff, die Forst- und Nationalparkbehörde Conaf und die Zoologische Gesellschaft Frankfurt hektarweise Land gekauft, um Lebensräume zu sichern und miteinander zu verbinden. Auch private Waldbesitzer beteiligen sich an den Bemühungen für den Südandenhirsch.

Dabei geht es nicht nur um die Zukunft dieses Hirsches. Die Art steht vielmehr stellvertretend für ein ganzes Ökosystem aus Wäldern und Flüssen, in dem auch unzählige andere Tiere und Pflanzen einen Lebensraum finden. Wo sich Huemules wohlfühlen, können zum Beispiel auch die drei Wildkatzenarten Puma, Guiña und Colocolo leben. Der Südandenhirsch gilt deshalb als das Flaggschiff des chilenischen Naturschutzes.

Andenkondor

🦅 **Vorwarnliste** Der majestätische Andenkondor *(Vultur gryphus)* gehört mit einer Spannweite von mehr als drei Metern zu den größten flugfähigen Vögeln überhaupt. Geduldig kreist er oft stundenlang über den Grasländern

und Felsregionen des Andenhochlands und hält Ausschau nach Aas. Allerdings ist nicht jedes tote Tier eine bekömmliche Mahlzeit für ihn, denn in einigen Regionen legen Menschen vergiftete Köder aus, um Pumas oder Füchse zu bekämpfen. Zudem werden die Kondore immer wieder abgeschossen, weil sie zu Unrecht als Viehräuber verschrien sind. Große Verluste aber können sich die imposanten Neuweltgeier nicht leisten, dazu vermehren sie sich zu langsam. Daher gehen die Bestände vielerorts bereits deutlich zurück. Um diesen Trend wieder umzukehren, haben Länder wie Argentinien, Venezuela und Kolumbien Wiederansiedlungsprogramme gestartet. In US-amerikanischen Zoos wurden Kondore gezüchtet und in Südamerika in die Freiheit entlassen.

Kopf und Hals des **Andenkondors** sind nackt, damit beim Verzehr von Aas das Federkleid nicht verschmutzt.

Seen, Flüsse und Feuchtgebiete

Mit dem Amazonas besitzt Südamerika den wasserreichsten Fluss der Erde. Über mehr als 6400 Kilometer schlängelt er sich von den Anden quer durch den Kontinent nach Osten und mündet dort in den Atlantik. Allein dieser Strom soll mehr als 10 000 Zuflüsse haben. Doch auch in anderen Regionen des Kontinents bieten zahlreiche Gewässer gute Lebensräume für Süßwasserbewohner.

Amazonas-Manati

Gefährdet Einen Amazonas-Manati *(Trichechus inunguis)* aufzuspüren, ist ein schwieriges Unterfangen. Denn wie alle Seekühe halten sich auch diese Tiere fast nur unter Wasser auf – und haben dabei eine Vorliebe für sehr trübe Fluten. Ihre Heimat sind die Flachwasserbereiche des Amazonas und seiner Nebenflüsse. Und zu allem Überfluss sind Manatis auch noch sehr scheu und denken gar nicht daran, ihr Privatleben vor neugierigen Menschenaugen auszubreiten. Wie viele Vertreter dieser Art es noch gibt, kann daher niemand genau sagen.

Klar ist allerdings, dass die großen Herden früherer Tage verschwunden sind. Sowohl einheimische als auch ausländische Jäger haben den friedlichen Pflanzenfressern jahrhundertelang nachgestellt, um an ihr Fleisch, Fett und Leder zu kommen. Und auch heute noch werden die Seekühe für den Eigenbedarf oder zum Verkauf auf lokalen Märkten mit Harpunen gejagt. Dazu kommt, dass die Tiere sich in Fischernetzen verfangen und ertrinken und dass sie unter der Wasserverschmutzung und dem Bau von Staudämmen leiden.

Die **Amazonas-Manatis** verbringen wie alle Seekühe ihr gesamtes Leben im Wasser. Dabei bevorzugen sie hohe Temperaturen zwischen 22 und 30 Grad Celsius.

Während junge **Amazonas-Fluss-delfine** eine graue Haut haben, schimmern die ausge-wachsenen Tiere meist rosafarben.

Amazonas-Flussdelfin

Daten ungenügend Manchmal kommen sie an Land und verwandeln sich in gut aussehende Männer, die junge Mädchen verführen. Über Amazonas-Flussdelfine (*Inia geoffrensis*) sind in Südamerika allerlei mystische Geschichten im Umlauf. Das mag mit ihrem ungewöhnlichen Äußeren zu tun haben. Die zwischen zwei und drei Meter langen Säugetiere, die im Amazonas, im Orinoko und in deren Nebenflüssen leben, schimmern nicht nur in erstaunlichen Farbschattierungen zwischen blaugrau, weiß und rosa. Mit ihrer langen, spitzen Schnauze und ihrer stark gewölbten Stirn haben sie auch ein sehr charakteristisches Gesicht. Manche ihrer Züge sollen sich in denen der angeblichen Delfinmänner wiederfinden, die der Legende nach einen weißen Anzug und einen Hut tragen.

Möglicherweise nimmt die Zahl der gut aussehenden Verführer in Südamerika allerdings ab. Denn die Flussdelfine geraten immer häufiger mit Fischern aneinander, die in ihnen lästige Konkurrenten sehen. Manche der Tiere kollidieren auch mit Booten oder verheddern sich in Fischernetzen. Und dann sind da noch die Dämme von

Kraftwerken oder Bewässerungsanlagen, die den Kontakt zwischen einzelnen Populationen verhindern. Welche Auswirkungen das alles auf die Zahl der geheimnisvollen Wasserbewohner hat, ist allerdings unklar. Die IUCN zählt den Amazonas-Flussdelfin daher zu den Arten, bei denen noch Daten ermittelt werden müssen, um ihre Zukunftschancen realistisch einschätzen zu können.

Riesenotter

Stark gefährdet Mit bis zu zwei Metern Länge ist der Riesenotter *(Pteronura brasiliensis)* nicht nur die größte aller 13 Otterarten, er pflegt auch einen sehr ungewöhnlichen Lebensstil. Während der Rest seiner Verwandtschaft weitgehend aus scheuen, nachtaktiven Einzelgängern besteht, hat er sich für Tageslicht und Geselligkeit entschieden.

Das Leben in der Gruppe hat für die Tiere gleich mehrere Vorteile. Sie tragen ihren spanischen Namen „Lobos de Río" – Wölfe der Flüsse – durchaus zu Recht, denn ihre Jagdmethoden ähneln verblüffend denen eines Wolfsrudels: Gemeinsam treiben sie in den Regenwaldflüssen Südamerikas Fische vor sich her und kreisen sie ein. Das macht es viel leichter, die glitschige Beute zu erlegen. Vorteil Nummer zwei besteht darin, dass der ältere Nachwuchs auf seine jüngeren

Geschwister aufpassen kann, während die Mutter auf die Jagd geht. Und auch ältere Otter scheinen in der Gruppe gut aufgehoben zu sein: In einem Fall haben Wissenschaftler sogar beobachtet, dass Fischfänger im besten Alter ihre gebrechlich gewordenen Familienmitglieder mitversorgten.

Die Zukunft dieser erstaunlichen Raubtiere ist allerdings ungewiss. Den Weltbestand der Art schätzt die IUCN auf nur noch 1000 bis 5000 Exemplare. Von den Jagdexzessen früherer Jahrzehnte haben sich viele Bestände bis heute nicht erholt. Durch das Washingtoner Artenschutzübereinkommen ist der Handel mit den riesigen, dichten Fellen zwar schon seit 1973 verboten. Doch es sind noch immer Wilderer unterwegs, die dies nicht kümmert.

Riesenotter sind aber auch Indikatoren für den Zustand des Regenwalds insgesamt. Denn sie reagieren sehr empfindlich auf verschiedene Faktoren, die dieses Ökosystem bedrohen – von Quecksilber, mit dem Goldwäscher die Flüsse vergiften, bis hin zu Störungen durch Touristen. Neben Schutzmaßnahmen für den Lebensraum empfehlen Experten wie Christof Schenck von der Zoologischen Gesellschaft Frankfurt daher auch eine verbesserte Tourismuslenkung. So fühlen sich die Flusswölfe viel weniger gestört, wenn Besucher sie von Unterständen am Ufer aus beobachten, statt ihnen mit dem Boot auf den Pelz zu rücken.

Orinoko-Krokodil

🐢 **Vom Aussterben bedroht** Noch schlechter als viele seiner Verwandten hat das Orinoko-Krokodil *(Crocodylus interme-dius)* das Gejagtwerden überstanden. Mit Beginn der 1960er-Jahre war diese Art fast ausgerottet, und seither hat sie sich trotz Schutzbemühungen und Wiederansiedlungsprogrammen noch nicht wieder erholt. Nur noch zwischen 250 und 1500 Exemplare der bis zu sechs Meter langen Reptilien sollen in den Fluten des Orinoko in Venezuela und Kolumbien leben. Selbst diese wenigen Tiere bekommen es immer wieder mit Wilderern zu tun, die es auf ihr Fleisch, ihre Eier und Jungtiere sowie ihre angeblich heilkräftigen Zähne abgesehen haben.

Spitzkrokodil

🐢 **Gefährdet** Die Gefahr wird bis zu 100 Kilogramm schwer und lauert bewegungslos auf ihre Chance. Geduldig warten die Spitzkrokodile *(Crocodylus acutus)*, bis ihnen unvorsichtige Fische, Vögel oder Säugetiere vor die Schnauze geraten. Dann schlagen sie blitzschnell zu. Manchmal würgen sie sogar kleine Brocken ihrer Mahlzeit wieder aus, um damit neue Beute anzulocken.

Vor allem in den 1960er- und 1970er-Jahren sind die großen Reptilien allerdings sehr häufig selbst zu Opfern geworden. Damals waren

Spitzkrokodile sind eindrucksvolle Reptilien, deren Männchen bis zu sieben Meter lang werden können.

Handtaschen, Gürtel und Schuhe aus Krokodilleder populär und ein Heer von Jägern machte sich im Süden der USA, in Mittelamerika und dem Norden von Südamerika auf die Suche nach den vierbeinigen Lieferanten des wertvollen Materials. Inzwischen ist die Art zwar im größten Teil ihres Verbreitungsgebiets geschützt, trotzdem wird sie immer noch gewildert. Auch unfreiwillige Begegnungen mit Fischernetzen, Booten und Autos kosten so manches Spitzkrokodil das Leben.

Mohrenkaiman

Von Schutzmaßnahmen abhängig Der Krokodilleder-Boom des 20. Jahrhunderts ist auch an den Mohrenkaimanen (*Melanosuchus niger*) nicht spurlos vorübergegangen. Auch diese bis zu sechs Meter langen Reptilien, die vor allem in den Flüssen und Seen des Amazonasbeckens leben, wurden bis an den Rand der Ausrottung bejagt.

Mancherorts haben sich die Bestände inzwischen allerdings wieder erholt. Nach Einschätzung der IUCN ist die Art zwar weiter von Schutzmaßnahmen abhängig, steht aber nicht mehr unmittelbar vor dem Aussterben. Die Flüsse Kolumbiens und der Amazonas selbst müssen jedoch bis heute ohne Mohrenkaimane auskommen und auch in vielen anderen Gewässern gibt es weniger der schwimmenden Räuber als früher. Und das hat durchaus Folgen: So haben sich in manchen Regionen Brasiliens und Boliviens die Wasserschweine, Beutetiere des Mohrenkaimans, stark vermehrt und richten nun Schäden in der Landwirtschaft an.

Mohrenkaimane leben im flachen Wasser von Seen und langsam fließenden Flüssen im Amazonasgebiet.

Die dunkle Haut der **Mohrenkaimane** lieferte früher ein sehr begehrtes Leder. Deshalb wurden die Bestände stark dezimiert. ◀◀

Küsten

Tosende Brandung und Gischt über den Wellen bereiten den Küstenbewohnern der Tierwelt selten Probleme. Dies gilt auch für die rauen Küsten Südamerikas. Erst wenn der Mensch ihnen dort die Nahrung wegfischt, geraten diese Arten in Schwierigkeiten.

Küstenotter schwimmen meist in der tosenden Brandung; auf Felsen an der chilenischen Küste klettern sie nur selten.

Küstenotter

Stark gefährdet 70 Meter ragen die Klippen an der chilenischen Pazifikküste in der Nähe der Stadt Valdivia in den Himmel. Von hier oben wirkt der dunkle Kopf des Küstenotters *(Lontra felina)* im brodelnden Wasser nur so groß wie ein Stecknadelkopf. Dabei ist der Chungungo, wie die Chilenen ihn nennen, mit seinen 95 Zentimetern so lang wie eine Katze und wiegt knapp vier Kilogramm. In der tosenden Gischt zwischen felsigen Steilabstürzen finden die Tiere nicht nur ihre Nahrung, sondern ziehen unter den Felsen auch ihre Jungen auf.

Die schlanken Otter tauchen in der stärksten Brandung bis auf den Grund und fangen dort ihre Beute. Manchmal kommen sie mit einem Fisch wieder an die Wasseroberfläche, der so groß ist wie sie selbst. Immer wieder verschwindet der braune Kopf in der Gischt und taucht wenige Sekunden später inmitten von wogendem Tang

wieder auf. Lassen sich die Tiere für längere Zeit nicht sehen, haben sie die von oben unsichtbare Höhle erreicht, in der ihre beiden hungrigen Jungen warten, die mehr als ein halbes Jahr lang von den Eltern versorgt werden. Den ganzen Tag sind die Erwachsenen dann auf der Jagd nach Tintenfischen und Fischen, Muscheln und Krebstieren, um den nimmersatten Nachwuchs zufriedenzustellen.

„Doch überall entlang der Küsten von Chile und Peru kämpfen die Otter ums Überleben", berichtet Gonzalo Medina Vogel von der Universität Andrés Bello in Santiago de Chile. Denn im Norden verschmutzen die großen Städte den Pazifik, der Meeressäuger ist aber auf sauberes Wasser angewiesen. Wo er das noch findet, haben die Fischer längst die Krabben eingesammelt, die sich normalerweise die Küstenotter vom Meeresgrund holen, um sie zu ihren wartenden Jungen zu bringen.

Humboldtpinguin

Gefährdet Auch die Humboldtpinguine (*Spheniscus humboldti*) kommen immer häufiger mit zu wenig Beute zu ihren Küken zurück. Die Küsten Perus und Chiles gelten zwar als besonders fischreich, sind aber vielerorts völlig überfischt. Die Fangflotten holen dort auch die kleineren, dafür aber umso häufigeren Arten wie Sardellen aus dem Wasser. Diese werden zu Fischmehl verarbeitet, das später in Aquakulturen in den Mägen von Zuchtfischen landet. Wenn aber die Sardellen fehlen, bleiben oft auch die Mägen der Humboldtpinguine leer.

Mit einem lauten Ruf begrüßt ein **Humboldtpinguin** seinen Partner. ◀◀

Dem **Humboldtpinguin** fangen die Fischer Südamerikas die Beute vor dem Schnabel weg.

Magellanpinguin

🐧 **Vorwarnliste** Wenn in Patagonien große Reisebusse Touristenscharen an der Punta Tomba aussteigen lassen, die dort eine Kolonie von Magellanpinguinen *(Sphenis-* *cus magellanicus)* mit den unregelmäßigen schwarzen Punkten am Bauch besuchen, scheint die Welt für diese Art noch in Ordnung: Weit mehr als 100 000 Pinguinpaare brüten allein in dieser Kolonie. Allerdings nimmt ihre

Zahl massiv ab, allein zwischen 1987 und 2007 hat die „Pinguinstadt" 30 Prozent ihrer Mitglieder verloren. Nicht viel anders ist die Situation in anderen Kolonien zwischen dem Süden Chiles und dem Süden Brasiliens bis hinüber zu den Falklandinseln, weil den flinken Schwimmern ihre Beute vor dem Schnabel weggefangen wird. Die Entwicklung ist so dramatisch, dass die IUCN den Magellanpinguin auf der Vorwarnliste führt, obwohl weltweit noch rund 1,3 Millionen Paare dieser Art brüten.

Magellanpinguine brüten in riesigen Kolonien, deren Bestände in den letzten Jahren dramatisch kleiner wurden.

Galapagosinseln

Rund 1000 Kilometer vor der Küste Südamerikas liegen die Galapagosinseln unmittelbar am Äquator im Pazifik. Vulkane schufen diesen Archipel vor wenigen Jahrmillionen. Aus den wenigen Landtieren, die über das Wasser oder durch die Luft die Inseln erreichten, entstanden neue Arten, die Charles Darwin später zu seiner Evolutionstheorie inspirierten.

Vor den Küsten macht ein **Galapagos-Seebär** unter Wasser Jagd auf verschiedene Meerestiere.

Jäger hatten den **Galapagos-Seebären** nahezu ausgerottet, inzwischen aber leben wieder etliche Tausend dieser Robben auf dem Galapagosarchipel.

Galapagos-Seebär

Stark gefährdet Seit Menschen auf die abgelegenen Galapagosinseln kommen, sind viele der dort lebenden Arten gefährdet. Im 19. Jahrhundert schlachteten Robbenjäger zum Beispiel die Galapagos-Seebären *(Arctocephalus galapagoensis)* wegen ihres Pelzes in solchen Mengen ab, dass die Art am Anfang des 20. Jahrhunderts bereits als ausgestorben galt. In abgelegenen Buchten aber hatten wenige Tiere überlebt; 2008 zählten Naturschützer dann wieder 10000 bis 15000 der graubraunen Robben. Da diese Art aber ausschließlich an den Küsten der Galapagosinseln vorkommt, können einzelne Ereignisse den Galapagos-Seebären rasch an den Rand der Ausrottung bringen. So vernichtete das Klimaphänomen El Niño 1982 und 1983 erst einen großen Teil der Meerestiere, später mussten die Seebären hungern, die sich von dieser Kost ernähren. Auch eine Ölkatastrophe oder ein Vulkanausbruch könnte die Art rasch in Bedrängnis bringen.

Galapagos-Seelöwe

Stark gefährdet Wenn die Klimaanomalie El Niño wieder einmal warmes Wasser an die Küsten der Galapagosinseln bringt, schneidet sie das Meer von der Nährstoffversorgung ab, die dort normalerweise von kalten Strömungen an die Oberfläche getragen wird. Dann wachsen Algen und Plankton kaum noch und bald brechen die Bestände der Vegetarier unter den Meerestieren ein. Am Ende der Kette stehen oft große Meeressäugetiere wie der Galapagos-Seelöwe (*Zalophus wollebaeki*), viele Tiere dieser Art verhungern dann.

Solche natürlichen Einbrüche hat es bei diesen bis zu 250 Kilogramm schweren Robben wohl immer gegeben. Dazu kommen aber inzwischen andere Gefahren, die Menschen auf die Inseln gebracht haben. So fangen sich die neugierigen Seelöwen immer wieder tödliche Infektionen von Haushunden ein, wenn sie wieder einmal die Hafenanlagen der Siedlungen besuchen. Wildernde Haushunde reißen wohl auch das eine oder andere Jungtier. Die IUCN sieht die Zahl der Galapagos-Seelöwen schrumpfen und stuft die Art als stark gefährdet ein.

Mit der nahrhaften Milch seiner Mutter wächst ein junger **Galapagos-Seelöwe** rasch heran.

Auf das Fliegen konnte der **Stummelkormoran** gut verzichten, solange keine Menschen auf den Galapagosinseln lebten.

Stummelkormoran

Stark gefährdet Bevor der Mensch Galapagos erreichte, hatte der Stummelkormoran *(Phalacrocorax harrisi)* keine nennenswerten Feinde an Land. Da Kormorane ihre Nahrung ohnehin im Wasser finden, konnten die vier Kilogramm schweren und einen Meter langen Vögel daher ohne Risiko auf die Flugfähigkeit verzichten. Die Flügel entwickelten sich zurück und das Brustbein, an dem normalerweise die kräftigen Flugmuskeln ansetzen, wurde deutlich kleiner. Der Stummelkormoran wurde so zum einzigen Kormoran, der nicht fliegen kann.

Als dann aber Menschen auf die Inseln kamen, rächte sich diese Entwicklung. An Land wurden viele Kormorane von den mitgebrachten Hunden gefressen, im Wasser verheddern die ausgezeichneten Schwimmer sich häufig in Fischernetzen und ertrinken. Insgesamt lebten 2006 nur noch rund 1600 Stummelkormorane auf den Galapagosinseln.

Galapagosalbatros

🐾 **Vom Aussterben bedroht** Der Galapagosalbatros (*Phoebastria irrorata*) ist die einzige Art dieser Familie, die überwiegend in den Tropen zu Hause ist. 2001 segelten mehr als 30 000 dieser vier Kilogramm schweren Vögel mit 240 Zentimetern Spannweite über die Wellen des Pazifiks. Fast alle dieser Albatrosse brüten auf dem Hochland der Insel Española im Südosten des Galapagos-archipels. Außerdem sollen auf der Isla de la Plata rund 20 Kilometer vor der Küste Ecuadors 20 Paare ihre Nester bauen.

Bis 2001 war die Population der Galapagos-albatrosse weitgehend stabil. Dann aber verschwanden plötzlich mehr Vögel innerhalb eines Jahres, als normaler-weise in einem solchen Zeitraum ver-enden. Des Rätsels Lösung findet sich vor der peruanischen Küste. Dort wird zunehmend mit bis zu 130 Kilometer lan-gen Leinen gefischt, an denen Tausende von Ködern an massiven Metallhaken Tiefseefische anlocken sollen. Schon bevor die Köder im Wasser versinken, holen sich die Alba-trosse diese vermeintlich leichte Beute. Oft genug bleibt der Haken dabei im Schlund des Tieres hängen und der Vogel wird ertränkt. Im Jahr 2010 war der Galapagosalbatros des-halb vom Aussterben bedroht, doch die Fischereiindustrie drängte darauf, auch bei diesem Archipel mit Langleinen fischen zu dürfen.

Galapagospinguin

🐾 **Stark gefährdet** Der Galapagospinguin (*Spheniscus mendiculus*) gilt als seltenster Pinguin der Welt: Im Jahr 2007 lebten nur noch 1009 dieser Vögel auf der Erde, 95 Prozent davon auf den beiden großen Vulkaninseln Fernandina und Isabela weit im Westen des Galapagosarchipels. Dort graben die Pinguine ihre Bruthöhlen in die weiche Vulkanasche, können aber auch jederzeit von einer Eruption der sehr aktiven Vulkane schwer getroffen werden. Die größten Probleme bereiten den Tieren aber wildernde Haushunde und Hauskatzen sowie das Klima-phänomen El Niño: Es dezimiert das Leben im Meer und damit die Nah-rung der Pinguine stark. Außerdem stören zunehmend Touristen die scheuen Vögel, und etliche Pin-guine ertrinken in Fischernetzen.

Im Segelflug späht der **Galapagosalbatros** nach Beute an der Oberfläche des Pazifiks. ««

Galapagospinguine erbeuten auf ihren bis zu 90 Sekunden langen Tauch-gängen vor allem kleine Fische.

Den **Mangrove-Darwinfink** kann wohl nur noch die Zucht in Gefangenschaft vor dem Aussterben retten.

Mangrove-Darwinfink

🐾 **Vom Aussterben bedroht** Mit allenfalls 100 Tieren gehört der Mangrove-Darwinfink *(Camarrhynchus heliobates)* zu den seltensten Vögeln der Welt. Die Tiere ernähren sich von Insekten und Larven, die sie ausschließlich im dichten Mangrovenwald suchen. Die letzten Brutpaare nisten auf der Insel Isabela, auf Fernandina gilt die Art seit den 1970er-Jahren als ausgestorben.

Aber auch auf Isabela verringert sich die Zahl der Vögel immer weiter. Dabei wissen Naturschützer nicht einmal genau, weshalb immer weniger dieser Vögel mit dem olivgrünen Bauch durch den Mangrovenwald flattern. Eingeschleppte Ratten und Katzen fressen vor allem Eier und Küken. Viele Nestlinge sind geschwächt und sterben, weil ihnen parasitäre Fliegen Blut aussaugen. Als letztes Mittel im Kampf gegen das unmittelbar bevorstehende Aussterben wurde 2010 beschlossen, einige der überlebenden Mangrove-Darwinfinken in Gefangenschaft zu züchten.

Galapagos-Riesenschildkröte

🐢 **Gefährdet** Kaum entdeckt, wurden die Galapagos-Riesenschildkröten *(Chelonoidis nigra)* bereits massiv dezimiert. Seeräuber nahmen die bis zu 400 Kilogramm schweren Tiere als lebende Fleischvorräte mit auf ihre Schiffe oder verspeisten sie an Land. Ausgesetzte Schweine, Ziegen, Katzen und Ratten plünderten und zertrampelten zudem die Gelege oder fraßen Jungschildkröten. Als die Charles-Darwin-Station im Jahr 1960 mit dem Schutz der Art begann, waren daher bereits vier der 15 bekannten Unterarten ausgerottet. Von einer weiteren lebt nur noch ein einziges Exemplar in Gefangenschaft, das „Lonesome George" (einsamer Georg) genannt wird. Von einigen der anderen Unterarten aber wurden Tiere in menschlicher Obhut nachgezogen und zum Teil bereits ausgewildert. In der Natur haben Naturschützer gleichzeitig versucht, die eingeschleppten Arten zu dezimieren oder auszurotten. Diese Maßnahmen sind erfolgreich und die Galapagos-Riesenschildkröte gilt insgesamt nur noch als gefährdet.

Galapagos-Meerechse

Gefährdet „Wer mehr schrumpft, überlebt besser!" Mit diesem Satz fasst Martin Wikelski vom Max-Planck-Institut für Ornithologie in Radolfzell und der Universität Konstanz die Reaktion von Galapagos-Meerechsen (*Amblyrhynchus cristatus*) auf die Klimaanomalie El Niño zusammen. Die zum Teil mehr als einen Meter großen Reptilien weiden in der Gezeitenzone der Galapagosinseln grüne und rote Meer-

An Land tankt die **Galapagos-Meerechse** Sonnenenergie, um ihren Körper auf Betriebstemperatur zu bringen.

Auf den oft kargen Vulkaninseln genügt den **Galapagos-Riesenschildkröten** selbst spärliche Vegetation. ‹‹

algen ab. Weil aufquellendes Meerwasser sehr viele Nährstoffe aus der Tiefe zu den Algen transportiert, wachsen diese normalerweise üppig. „Die Meerechsen schlemmen wie an einem im Sommer gut gedüngten Salatbeet", erklärt Martin Wikelski. Alle drei bis sieben Jahre aber stellt El Niño die Verhältnisse auf den Kopf. Dann bleiben die kalten Tiefenwasserströme aus, den Algen fehlen deshalb die Nährstoffe, und bald müssen die Meerechsen hungern. Die Reptilien reagieren auf diese Situation mit einer erstaunlichen Anpassung. Sie schrumpfen um bis zu 20 Prozent. Dabei wird nicht nur das weiche Körpergewebe weniger, auch die Knochen verkleinern sich. Zwar wissen die Forscher noch nicht, wie dieses Phänomen funktioniert. Den Vorteil dieser Anpassung dagegen kennen sie aber gut: Die abgebaute Körpermasse hilft der Meerechse, die Hungerperiode zu überbrücken, gleichzeitig benötigen kleinere Reptilien auch weniger Nahrung und fressen effizienter. Damit steigen die Chancen, die viele Monate während Klimaanomalie zu überstehen. Aber in manchen Fällen ist das alles nicht genug: Trotz dieser in der Natur wohl einmaligen Anpassung sterben bei einem sehr starken El Niño bis zu 90 Prozent aller Meerechsen auf einer Galapagosinsel.

Galapagos-Landleguan

Gefährdet Während auf den Galapagosinseln gerade einmal 500 einheimische Pflanzenarten zu Hause sind, hatten sich bis zum Jahr 2000 bereits 748 fremde Pflanzenspezies dort etabliert. Die Neuankömmlinge verdrängen oft die Alteingesessenen, und damit verschwinden unter Umständen wichtige Futterpflanzen für Tiere. So fressen die bis zu 150 Zentimeter langen Landleguane der Gattung *Conolophus* meist die Sprossen und Blüten der auf vielen Inseln wachsenden Opuntien. Werden diese Pflanzen durch andere verdrängt, könnten auch die „Drusenköpfe" genannten Reptilien verschwinden. Noch größer ist die Gefahr durch eingeschleppte Arten wie Ratten, Schweine, Katzen und Hunde, die immer wieder Landleguane verspeisen. Die beiden länger bekannten Arten *Conolophus subcristatus* und *Conolophus pallidus* gelten daher als gefährdet. Mit dem Rosada-Drusenkopf *(Conolophus marthae)* wurde 2009 eine dritte Art entdeckt, die ausschließlich am Vulkan Wolf auf der Insel Isabela lebt und über deren Gefährdung erst einmal nichts bekannt war.

Die **Galapagos-Landleguane**, die auch als Drusenköpfe bezeichnet werden, können bis zu 120 Zentimeter lang werden.

Australien und Ozeanien

Die Eier der **Streifenkiwis** sind bis zu 13 Zentimeter lang. Im Vergleich zur Größe des Weibchens sind das die größten Vogeleier der Welt.

Isoliert vom Rest der Welt

Die Geschichte der einzigartigen Tierwelt Australiens und Neuseelands begann spätestens vor etwa 85 Millionen Jahren. Zunächst löste sich damals Neuseeland von der heutigen Antarktis, später brach dann auch Australien ab. Die neuen Landmassen sollten von nun an vom Rest der Welt getrennt bleiben. Zwar hingen während der letzten Eiszeiten Australien, Neuguinea und Tasmanien zusammen, da wegen des niedrigen Meeresspiegels die Regionen dazwischen trockenfielen. Nach Südostasien aber gab es nie eine Landbrücke. Ein ähnlich isoliertes Dasein führen seit jeher die kleineren Inseln Ozeaniens. Die meisten davon sind vulkanischen Ursprungs, haben also nie zu irgendeiner größeren Landmasse gehört.

Carnabys Weißohr-Rabenkakadu | *226*
Bürstenkängurus | *222*
Baudins Weißohr-Rabenkakadu | *226*
Ameisenbeutler | *221*
Quokka | *224*

Gefährliche Neulinge

Auf solchen abgeschiedenen Inseln entwickelt sich im Lauf der Zeit eine ganz eigene Tier- und Pflanzenwelt mit vielen Arten, die sonst nirgendwo auf der Welt vorkommen. Doch mit der Ankunft des Menschen war es vorbei mit der Isolation. Und das hatte zum Teil drastische Folgen. So haben die aus Polynesien stammenden Maori Neuseeland erst vor rund 800 Jahren erreicht. Doch seit dieser Zeit haben sie und später auch die Europäer nicht nur etliche Arten direkt ausgerottet, sondern auch eine Vielzahl von neuen Arten mitgebracht, die der einheimischen Tierwelt seither als Feinde und Konkurrenten zu schaffen machen.

Gelbaugenpinguine leben nur an den Küsten Neuseelands und gehören zu den seltensten Pinguinen der Welt.

Australien und Ozeanien

Königin-Alexandra-Vogelfalter | 218

Kleidervogel Iaut Hawaiil | 254

Australische
Gespenstfledermaus | 225

Helmkasuar | 216

Goldschultersittich | 217

Zwergbeutelmarder | 210

Hasenkängurus | 224

Palmendieb | 254

Proserpine-Felskänguru | 223

Nachtsittich | 227

Nördlicher Haarnasenwombat | 222

Kopeka | 252

Kakerori | 253

Graukopf-Flughund | 213

**PAZIFISCHER
OZEAN**

Waldralle | 217

Kaninchenkängurus | 212

Hihi | 232
Ziegensittich | 236
Neuseelandente | 244

**INDISCHER
OZEAN**

Saumschnabelente | 242
Große Neuseelandfledermaus | 228

Tasmanischer Teufel | 210

Schwalbensittich | 218

Kiwis | 230
Kaka | 230

Tuataras | 237

Beutelwolf | 220

Weka | 234
Kea | 240

Moas | 229

250 km

www.kartographie.de

Schmuck-Grüngecko | 239
Takahe | 235
Dickschnabelpinguin | 247
Gelbaugenpinguin | 248

Schwarzer
Stelzenläufer | 245

Nördlicher Königsalbatros | 249
Chatham-Austernfischer | 251

Otagoskink | 238
Großer Skink | 238

Kleine Neuseelandfledermaus | 228

Kakapo | 233

Salvin-Albatros | 250

Neuseeländischer Seelöwe | 246

Südlicher Königsalbatros | 249

Die – ohne Schwanz – etwa 30 Zentimeter langen
Ameisenbeutler leben im Buschland Australiens.
Sie sind Nahrungsspezialisten, die es vor allem auf
Termiten abgesehen haben.

 Säugetiere

Vögel

Reptilien

Insekten

Krebstiere

Wälder Australiens

Australien besitzt ein breites Spektrum unterschiedlicher Waldtypen, von den sehr artenreichen, feuchten Regenwäldern bis zu den trockenen Akazienbeständen. Die Akazien gehören zusammen mit den Eukalyptusbäumen zu den Pflanzengattungen, die auf dem Kontinent die meisten Arten hervorgebracht haben.

Tasmanische Teufel leben zum Teil von der Jagd, fressen aber vor allem Aas. Ihre kräftigen Zähne eignen sich gut zum Zerbrechen von Knochen.

Tasmanischer Teufel

Stark gefährdet Das Wesen mit dem pechschwarzen Fell und den rot glühenden Ohren schien geradewegs aus der Hölle zu kommen. Nicht nur, dass es aggressiv die Zähne fletschte und ohrenbetäubend kreischte. Zu allem Überfluss begann sein Körper mit zunehmender Erregung auch einen bestialischen Gestank zu verbreiten. Da lag es nahe, dem ungewöhnlichen Tier den wenig schmeichelhaften Namen „Beutelteufel" zu verpassen. Da die Art *Sarcophilus harrisii* heute nur noch auf Tasmanien vorkommt, ist sie auch als Tasmanischer Teufel bekannt.

Früher hat das gedrungene, etwa waschbärgroße Beuteltier auch auf dem australischen Festland gelebt. Dort ist es aber vermutlich schon im 14. Jahrhundert ausgestorben. Einen der Gründe dafür vermuten Wissenschaftler darin, dass die essbaren Beutelteufel von den Aborigines massiv gejagt wurden. Zudem waren sie wohl den von Haushunden abstammenden Dingos unterlegen. Auf Tasmanien aber gab es keine solche vierbeinige Konkurrenz, sodass die Art dort zunächst eine Zuflucht fand. Später haben die Europäer sie allerdings auch auf dieser Insel gnadenlos verfolgt, weil die Farmer ihr Vieh in Gefahr sahen. Immerhin können die vierbeinigen Jäger mit den enorm kräftigen Kiefer durchaus ein Schaf zur Strecke bringen – auch wenn sie sich meist mit kranken Tieren oder Aas begnügen.

Durch die intensive Bejagung standen die Beutelteufel kurz vor dem Aussterben, als sie 1941 schließlich unter Schutz gestellt wurden. Seit Mitte der 1990er-Jahre aber wird die Art von einer neuen Krebserkrankung dahingerafft, die Schätzungen zufolge bis zu 50 Prozent der Bestände tötete. Im Jahr 2008 waren nach Angaben der IUCN nur noch 10 000 bis 25 000 Tiere übrig.

Zwergbeutelmarder

Stark gefährdet Rotkäppchens Großmutter hat Jonathan Webb auf eine vielversprechende Idee gebracht. Der Biologe von der Universität im australischen Sydney hatte eine moderne Version des Märchens gelesen, in der die resolute Seniorin dem Wolf rohe Zwiebeln in den Bauch näht und ihm so für alle Zukunft den Appetit auf Omas verdirbt. Dieses Konzept schien dem Forscher überzeugend genug, um daraus eine neue Strategie zum Schutz des Zwergbeutelmarders *(Dasyurus hallucatus)* zu entwickeln.

Dem katzengroßen, nachtaktiven Jäger, der in Wäldern und Savannen im Norden Australiens lebt, wird oft sein Faible für die aus Mittel- und Südamerika stammende Aga-Kröte *(Bufo marinus)* zum Verhängnis. Diese mehr als 20 Zentimeter

Die Unterklasse der Beuteltiere

Exzentriker „Down Under" Kängurus, Koalas, Wombats die wohl bekanntesten Vertreter der australischen Fauna gehören zu den Beuteltieren. Vor allem, wenn es um den Nachwuchs geht, unterscheidet sich diese urtümliche Unterklasse von Säugetieren deutlich vom Rest ihrer Verwandtschaft. Wenn kleine Beuteltiere geboren werden, erinnern sie noch mehr an einen Embryo als an ein fertig ausgereiftes Lebewesen. Denn sie machen einen guten Teil ihrer Entwicklung außerhalb der Gebärmutter durch. Bei Kängurus und vielen anderen Arten tragen die Weibchen ihren Nachwuchs in einem Beutel mit sich herum, bis dieser Prozess abgeschlossen ist. Bei einigen Arten hängen die Jungtiere aber auch einfach im Fell an den Zitzen der Mutter.

In früheren Erdzeitaltern hat es auch in anderen Teilen der Welt wie Asien und der Antarktis viele Beuteltiere gegeben. Die meisten Vertreter dieser Tiergruppe sind inzwischen jedoch ausgestorben. Heute leben weltweit noch etwa 320 Arten in Australien und Amerika.

Die Weibchen der **Tasmanischen Teufel** bringen rund 20 Jungen zur Welt. Da sie aber nur vier Milchdrüsen besitzen, können höchstens vier davon heranwachsen.

großen und ein Kilogramm schweren Amphibien wurden 1935 in Australien eingeführt, um gefräßige Käfer in den Zuckerrohrplantagen zu dezimieren. Seither haben sie sich in rasantem Tempo über die tropischen Regionen des Kontinents ausgebreitet. Für die einheimischen Raubtiere wirkt diese neue Beute allein wegen ihrer Größe verlockend. Doch die Kröten produzieren giftige Hautsekrete, die für Säugetiere, Vögel und Reptilien tödlich sein können. Schon den ersten Versuch, ein solches Tier zu erbeuten, bezahlen Angreifer normalerweise mit dem Leben. Folglich haben sie keine Chance, aus negativen Erfahrungen zu lernen. Genau das aber wollen Jonathan Webb und seine Kollegen ändern.

Sie haben jungen Beutelmardern aus einer Zuchtstation ein paar Tage vor ihrer Auswilderung eine winzige, tote Aga-Kröte zu fressen gegeben. Der Happen enthielt bei Weitem nicht genug Gift, um den Tieren zu schaden. Sie litten nach dem Verzehr allerdings unter Brechreiz, weil die Biologen den Snack mit der Chemikalie Thiabendazol behandelt hatten. Eine anschließend angebotene lebendige Miniröte verschmähten die Beutelmarder nach dieser Erfahrung meistens. Dadurch lebten sie nach ihrer Freilassung bis zu

fünfmal länger als nicht gewarnte Artgenossen. Dank Großmutters Tricks könnte eines der bedrohtesten Raubtiere Australiens doch noch eine Chance haben.

Kaninchenkängurus

Viele Arten stark gefährdet bis ausgestorben Als Charles Darwin zum ersten Mal ein Kaninchenkänguru aus der Gattung *Potorous* zu sehen bekam, beschrieb er das Tier als „groß wie ein Kaninchen, aber mit der Figur eines Kängurus". Die frühen europäischen Siedler fanden diese Mischung allerdings keineswegs putzig, sondern betrachteten die Tiere als Schädlinge. Dabei fressen Kaninchenkängurus hauptsächlich Pilze. Vermutlich verbreiten sie dabei sogar diejenigen Arten, die in Symbiose mit Baumwurzeln leben, und spielen so eine wichtige Rolle für die Ökologie der Wälder.

Heute gilt nur noch eine der vier Arten dieser Gattung als ungefährdet. Die übrigen leiden unter der Zerstörung ihrer Lebensräume und den Nachstellungen von eingeführten Katzen und Füchsen. Das Breitkopfkänguru (*Potorous platyops*) ist bereits ausgestorben, und vom Gilbert-Kaninchen-

Die **Kaninchenkängurus** der Art *Potorous longipes* leben nur noch in wenigen Gebieten in den feuchten Wäldern Südostaustraliens.

Zwergbeutelmarder fressen verschiedene Kleintiere, aber auch Früchte und Honig. Ihre Vorliebe für giftige Kröten wurde ihnen gefährlich.

känguru *(Potorous gilbertii)* soll es nicht einmal mehr 50 erwachsene Exemplare geben.

Graukopf-Flughund

Gefährdet Ein Bestand von 400 000 Tieren zu Beginn des 21. Jahrhunderts klingt eigentlich nach einer recht komfortablen Situation für den Graukopf-Flughund *(Pteropus poliocephalus)*. Doch da die Kolonien der großen Flattertiere noch in den 1930er-Jahren etliche Millionen Mitglieder hatten und der Rückgang weitergeht, hält die IUCN die Art trotzdem für gefährdet.

Graukopf-Flughunde benötigen ein abwechslungsreiches Angebot an Bäumen, die ihnen genügend Früchte liefern. Doch die Küstenwälder ihrer Heimat müssen zunehmend Siedlungen und Landwirtschaftsflächen weichen. Wenn sich die Tiere ihre Nahrung aber stattdessen auf Obstplantagen suchen, werden sie oft als Schädlinge getötet. Zahlreiche der großen Fledermausverwandten, die eine Flügelspannweite von bis zu eineinhalb Metern erreichen, verenden überdies an Stromleitungen. Und auch den

Anders als viele Fledermäuse orientieren sich **Graukopf-Flughunde** nicht mithilfe der Echoortung. Sie verlassen sich stattdessen auf ihre großen Augen. ➤➤

213

Die nackte Haut am Kopf und Hals der **Helmkasuare** leuchtet in kräftigem Blau und Rot.

Klimawandel scheinen sie nicht gut zu vertragen. Extrem heiße Tage mit Temperaturen über 42 Grad Celsius, wie sie in ihrer Heimat immer häufiger vorkommen, fordern unter den Graukopf-Flughunden immer wieder viele Todesopfer.

Helmkasuar

Gefährdet Beim Wettbewerb um den Titel „größter Vogel der Welt" landet der Helmkasuar *(Casuarius casuarius)* immerhin auf dem dritten Platz. Mit bis zu 1,70 Meter Größe und 70 Kilogramm Gewicht müssen sich die ein-

Waldrallen haben im Lauf der Evolution ihr Flugtalent aufgegeben. Sie suchen daher am Boden nach fressbaren Kleintieren, Früchten und Eiern.

Die **Helmkasuare** Neuguineas und Australiens werden bis zu 1,70 Meter hoch und 70 Kilogramm schwer. Damit gehören sie zu den größten Vögeln der Welt.

verwilderten Schweinen zum Opfer. Auch der Straßenverkehr tötet regelmäßig viele Helmkasuare, sodass die IUCN die Art für gefährdet hält.

Waldralle

🦤 **Stark gefährdet** Für die Waldralle *(Gallirallus sylvestris)* schien kaum noch Hoffnung zu bestehen. Der braune, 35 bis 40 Zentimeter große Vogel lebt nur in den Wäldern der Lord-Howe-Insel östlich von Australien. Als seine bis dahin menschenleere Heimat 1788 entdeckt wurde, war er dort noch sehr häufig. Dann aber kam im Schlepptau des Menschen ein Heer von Feinden an: Katzen, Hunde, Schweine und Schleiereulen stellten den flugunfähigen Vögeln und ihrem Nachwuchs so lange nach, bis die Bestände drastisch einbrachen. Im Jahr 1980 gab es nur noch drei erwachsene Waldrallen, die schließlich in eine Zuchtstation gebracht wurden. Ihren Nachwuchs haben Naturschützer auf der inzwischen von Katzen und Schweinen befreiten Insel ausgewildert, sodass dort zu Beginn des 21. Jahrhunderts wieder 250 bis 300 Vögel lebten.

Goldschultersittich

🦤 **Stark gefährdet** Feuer mag für viele Tierarten eine gefährliche Angelegenheit sein, für den Goldschultersittich *(Psephotus chrysopterygius)* aber gehört es zum Leben. Die kleinen, bunten Papageien kommen nur auf der Kap-York-

drucksvollen Tiere mit dem nackten, leuchtend blau und rot gefärbten Hals nur dem afrikanischen Strauß und dem australischen Emu geschlagen geben.

Wie viele dieser gefiederten Giganten in den Regenwäldern Neuguineas und Nordostaustraliens unterwegs sind, weiß niemand so genau. Im australischen Bundesstaat Queensland lebten 2002 zwischen 1500 und 2500 Exemplare, für Neuguinea gibt es keine verlässlichen Angaben. Klar ist jedoch, dass die Riesenvögel mit einer ganzen Reihe von Problemen zu kämpfen haben. Sie werden gejagt, ihre Lebensräume schrumpfen und ihre Eier und Küken fallen

Das Gefieder von männlichen **Goldschultersittichen** leuchtet in kräftigem Türkis und Gelb. Weibchen dagegen sind überwiegend grün gefärbt. **«**

gang der dekorativen Vögel. Es soll heute nur noch rund 2000 erwachsene Goldschultersittiche in zwei sehr kleinen und voneinander isolierten Lebensräumen geben.

Schwalbensittich

Stark gefährdet Der leuchtend grüne Schwalbensittich (*Lathamus discolor*) hat eine ausgesprochene Vorliebe für Eukalyptus. Die schlanken Papageien, die ihren Namen ihren rasanten Flugmanövern verdanken, brüten auf Tasmanien und verbringen den Winter im Südosten Australiens. Sie leben in unterschiedlichen Waldtypen, legen dabei aber Wert auf bestimmte Eukalyptusarten. In den Stämmen dieser Bäume finden sie ihre Bruthöhlen, die Blüten liefern nahrhafte Pollen und Nektar. Allerdings haben Menschen zahlreiche Eukalyptuswälder gefällt, sodass den Tieren nun die Kinderstuben und Nahrungsquellen fehlen. Nicht mehr als 2500 erwachsene Schwalbensittiche soll es heute noch geben.

Königin-Alexandra-Vogelfalter

Stark gefährdet Der Titel „größter Tagfalter der Welt" steht wohl dem Königin-Alexandra-Vogelfalter (*Ornithoptera alexandrae*) auf Neuguinea zu. Die Flügel der bräunlich gefärbten Weibchen erreichen eine Spannweite von knapp 30 Zentimetern. Die Männchen sind zwar etwas kleiner, haben dafür aber eine besonders attraktive Färbung mit blaugrünen Streifen auf schwarzem Grund. Ihr interessantes Äußeres hat beide Geschlechter zu begehrten Sammelobjekten gemacht, ein einziges Exemplar kann durchaus mehrere Tausend US-Dollar einbringen. Obwohl die Tiere in Papua-Neuguinea geschützt sind und das Washingtoner Artenschutzübereinkommen CITES jeden internationalen Handel damit verbietet, gehen immer noch Schmetterlingsfänger ihren illegalen Geschäften nach. Noch mehr leidet die Art allerdings unter dem Schrumpfen der Regenwälder ihrer Heimat. Der Lebensraum der Falter muss heutzutage vor allem Palmölplantagen weichen, ein Teil davon wurde 1951 allerdings auch bei einem Vulkanausbruch vernichtet.

Namenspatin des **Königin-Alexandra-Vogelfalters** war die Frau von Edward VII., der von 1901 bis 1910 auf dem britischen Thron saß. **»**

Halbinsel im Norden Australiens vor und leben dort in Baumsavannen und lichten Wäldern mit offenen Grasflächen. Ihre Nahrung besteht hauptsächlich aus Grassamen, als Brutplätze benötigen sie Termitenhügel.

Diese Landschaft aber verändert sich unter dem Einfluss des Menschen: Seit die europäischen Siedler viele Flächen in der Region als Weiden nutzen, brennt es in der Region seltener als früher und es entstehen weniger heiße Brände. Damit aber breitet sich auf den offenen Flächen immer mehr Gestrüpp aus, das den Feinden der Sittiche wie den Würgerkrähen Deckung bietet. Diese haben in der dichteren Vegetation viel bessere Chancen, die Papageien zu erwischen. Experten sehen darin den wichtigsten Grund für den Rück-

Schwalbensittiche sind Waldbewohner, die zum Überleben bestimmte Arten von Eukalyptusbäumen benötigen.

Gras- und Buschland Australiens

Abgesehen von der Antarktis gilt Australien als der trockenste Kontinent der Erde. Typische Trockenlandschaften aber sind nicht nur Wüsten, sondern vor allem auch Grasländer, die große Regionen von Down Under bedecken. Dort weiden heute die Nutztierherden der Viehzüchter und bringen die ursprünglich vorkommenden Arten oft in Schwierigkeiten.

An den **Beutelwolf** erinnern nur noch Museumsexponate wie dieses – die Raubtiere sind bereits seit 1936 ausgestorben.

Beutelwolf

Ausgestorben Einst jagte der Beutelwolf (*Thylacinus cynocephalus*) wohl überall in den Grasländern und lichten Wäldern des Kontinents Sahul, der sich in den Eiszeiten jeweils aus den heutigen Landmassen Australien und Neuguinea bildete. Als dann die ersten Menschen dort auftauchten, verschwand der Beutelwolf langsam. Ursache waren vermutlich Hunde, die von Menschen nach Sahul gebracht wurden und aus denen sich ein Dingo genannter Wildhund entwickelte. Dingos jagen kleinere Kängurus und ähnliche Tiere und verdrängten so den an der gleichen Beute interessierten Beutelwolf. Diese Theorie wird dadurch gestützt, dass der Wildhund die Insel Tasmanien vor Australiens Südküste nie erreichte. Genau dort überlebten die Beutelwölfe bis ins 20. Jahrhundert, während sie auf dem Kontinent selbst vermutlich bereits 5000 Jahre früher ausstarben. Endgültig ausgerottet wurde die Art von Schafzüchtern, bei denen der Beutelwolf als blutrünstige Bestie galt, obwohl die meisten Schafe wildernden Haushunden zum Opfer fielen. 1930 wurde der letzte Beutelwolf in der Natur geschossen, am 7. November 1936 starb der letzte Artgenosse im Zoo von Hobart auf Tasmanien. Unmittelbar davor hatte die Regierung die Art endlich unter Schutz gestellt.

Ameisenbeutler

Stark gefährdet Den europäischen Siedlern kam der Ameisenbeutler *(Myrmecobius fasciatus)* kaum in die Quere, da das gerade einmal ein Pfund leichte Beuteltier doch nur in Kolonien lebende Insekten frisst. Tagsüber laufen die Ameisenbeutler eifrig am Boden schnüffelnd durch das Buschland im Süden Australiens und riechen dabei die unterirdischen Bauten der Termiten. 20 000 dieser Insekten verschlingt jeder Beutler täglich, Ameisen ignoriert er dagegen trotz seines deutschen Namens weitgehend. Nachts ruhen die Termitenliebhaber dann in hohlen Baumstämmen oder in verlassenen Bauten anderer Tiere. Möglicherweise suchen sie solche geschützten Schlafplätze aber erst in jüngerer Zeit auf. Seit die europäischen Siedler nämlich den gern in der Nacht jagenden Fuchs nach Australien brachten, stellt dieser den Ameisenbeutlern nach. 2008 gab es daher vermutlich nicht einmal mehr 1000 der kleinen Beuteltiere.

Wittert ein **Ameisenbeutler** Gefahr, richtet er sich auf. Ansonsten aber schnüffelt er die meiste Zeit am Boden nach Termiten.

Nördlicher Haarnasenwombat

Vom Aussterben bedroht Massig wie ein Bär, aber mit seinen 40 Kilogramm Gewicht doch erheblich kleiner, kommt der Nördliche Haarnasenwombat *(Lasiorhinus krefftii)* in der Nacht aus seinem Bau, um Gras zu weiden. Genau das ist jedoch das Problem des gemütlich wirkenden Beuteltiers, das aber im Notfall mit 40 Kilometern in der Stunde den Sprintweltrekordler der Menschen abhängen könnte: Dem Nördlichen Haarnasenwombat sind die Rinder- und Schafherden gefährlich geworden, die ihm vor allem während der für Australien typischen Dürreperioden das Gras vor dem Maul wegfressen. In der ersten Hälfte des 20. Jahrhunderts wackelten daher immer weniger Wombats aus ihrem 20 Meter langen und oft mehr als drei Meter unter der Erde liegenden Bau.

Als 1971 im Bundesstaat Queensland der Epping National Park nur für diese Art eingerichtet wurde, war es beinahe zu spät: 1983 zählte Australiens Naturschutzbehörde nur noch 36 Nördliche Haarnasenwombats. Bereits im Vorjahr war die Konkurrenz in Form von Rinderherden aus dem Nationalpark verbannt worden und langsam stieg die Zahl der größten heute lebenden Wombats wieder an. Dann aber drangen im Jahr 2000 Dingos in das Reservat ein und rissen bis zu 20 Wombats. Seitdem riegelt ein 20 Kilometer langer Schutzzaun das Gebiet gegen Dingos ab und die Art konnte sich von diesem Aderlass wieder ein wenig erholen.

Im Jahr 2008 zählte die Naturschutzbehörde Australiens 138 Tiere, die alle auf einer zusammenhängenden Fläche von 500 Hektar lebten. Da sich zu dieser Zeit kein einziges Tier in menschlicher Obhut befand, hätte ein Buschbrand, eine extreme Dürre oder ein Hochwasser die Art von einem Tag auf den anderen auslöschen können. Im Jahr 2009 haben die Naturschützer daher die ersten vier von 24 Tieren im Epping National Park gefangen und etwa 600 Kilometer entfernt in einem neu eingerichteten Schutzgebiet in vorgegrabenen Bauen freigelassen. Auf dieser privaten Farm im Süden von Queensland soll eine zweite, gut eingezäunte Population als „Versicherung" gegen Katastrophen im Epping National Park entstehen.

Bürstenkängurus

Vorwarnliste bis ausgestorben Wenn die kräftigen Hinterbeine nicht so frappierend an ein kleines Känguru erinnern würden, könnte man die fünf Bürstenkänguru-Arten (Gattung *Bettongia*) für Ratten halten. Von den Ernährungsgewohnheiten wiederum ähneln die bis zu zwei Kilogramm schweren Tiere eher den Trüffelschweinen, weil sie liebend gern die unterirdischen Fruchtkörper von Pilzen verschlingen. Diese „australischen Trüffel" ernährten die Gattung gut, und Bürstenkängurus waren in vielen Teilen des Kontinents sehr häufig. Dann aber brachten die Menschen Füchse und Katzen nach Australien, die viele der kleinen Beuteltiere erwischten. Siedler pflügten die Böden mit den leckeren Pilzen, um dort Äcker anzulegen. Und die Bürstenkängurus verschwanden zunehmend: Das Nullarbor-Bürstenkänguru starb vermutlich schon im 19. Jahrhundert aus. Zwei weitere

Seine Leibspeise Gras weidet der **Nördliche Haarnasenwombat** meistens in der Nacht, tagsüber ruht das Tier in seinem unterirdischen Bau.

Äußerlich ähneln **Bürstenkängurus** – hier *Bettongia gaimardi* – Ratten. Als echte Feinschmecker wissen sie vor allem „australische Trüffel" zu schätzen.

Arten verschwanden vom Festland, überlebten aber auf vorgelagerten Inseln; sie stehen heute auf der Vorwarnliste oder gelten als gefährdet. Die letzten beiden Arten haben stark dezimiert auf dem Kontinent selbst überlebt, sind dort aber stark gefährdet oder vom Aussterben bedroht.

Proserpine-Felskänguru

Stark gefährdet Das bis zu sieben Kilogramm schwere Proserpine-Felskänguru (*Petrogale persephone*) hat genau genommen nur ein einziges Problem: Es lebt in felsigem Grasland und Trockenwäldern in der Nähe der kleinen Küstenstädte Proserpine und Airlie Beach im tropischen Nordosten Australiens. Zwar zählten beide Städte im Jahr 2006 zusammen gerade einmal 6000 Einwohner. Dazu aber kommen jede Menge Touristen. Daher wuchern die Orte ins Umland und vernichten so den Lebensraum des Proserpine-Felskängurus. Außerdem fallen viele der Beuteltiere Haushunden und dem Straßenverkehr zum Opfer.

Gut fünf Kilogramm wiegen **Proserpine-Felskängurus.** Ihr sehr kleines Verbreitungsgebiet im Nordosten Australiens besteht aus felsigen Regionen mit Trockenwäldern.

Tagsüber ruhen **Australische Gespenstfleder-mäuse** in kleinen Gruppen in Höhlen, Minen und Fels-spalten. »

Das **Zottel-Hasenkänguru** ist auf dem Festland bereits ausgestorben und lebt nur noch auf zwei kleineren Inseln in der Shark Bay.

Hasenkängurus

Zwei Arten ausgestorben Abgesehen von ihren kräftigen Känguru-Hinterbeinen und den kleinen Armen haben die rund vier Kilogramm schweren Hasenkängurus (Gattung *Lagorchestes*) tatsächlich einiges mit ihren Namensgebern aus Europa gemeinsam: Braunes Fell, gleiche Größe und oft sogar ähnliche, für Kängurus völlig untypische Bewegungen erinnern frappierend an Hasen. Und auch die aus Gras und Kräutern bestehenden Speisezettel ähneln sich. Mit dieser Ernährung aber hüpften die Hasenkängurus in Probleme, als die Europäer Kaninchen mitbrachten, die ihnen ihr Futter vor dem Maul wegfraßen. Dann schleppten die Siedler auch noch Füchse ein, die zwar gern Kaninchen jagen, aber auch den Hasenkängurus erfolgreich nachstellen. Zwei der vier Arten der Gattung starben daher am Ende des 19. und in der Mitte des 20. Jahrhunderts aus. Die letzten Überle-

benden des Zottel-Hasenkängurus (*Lagorchestes hirsutus*) fielen auf dem Festland in den 1990er-Jahren einem Busch-feuer zum Opfer, überlebten aber auf zwei vorgelagerten Inseln und sind als gefährdet eingestuft. Auch das Brillen-Hasenkänguru wurde stark dezimiert, gilt aber als nicht gefährdet, weil es noch in weiten Gebieten im Norden Australiens vorkommt.

Quokka

Gefährdet Die Probleme des bis zu fünf Kilogramm schwe-ren Quokka oder Kurzschwanzkängurus (*Setonix brachyu-rus*) ähneln denen anderer Kängurus vergleichbarer Größe: Als sich im 20. Jahrhundert eingeschleppte Füchse und Kat-zen im Südwesten Australiens breit machten, verschwanden die für die europäischen Räuber leicht zu erbeutenden Kän-gurus schnell. Auf dem Festland konnte diese Art nur in

Schutzgebieten überleben, in
denen die Naturschutzbehörde die
Füchse massiv dezimiert hat. Auch die eingeschleppten
Wildschweine müssen dort unter Kontrolle gehalten werden, weil sie den Lebensraum der Quokkas umgraben. Ein-
zig auf Rottnest Island haben die Kurzschwanzkängurus in
großer Zahl überlebt, weil Füchse, Katzen und Wildschweine
nie dorthin kamen. Allerdings füttern dort Touristen die
Quokkas, was deren Gesundheit schadet.

Australische Gespenstfledermaus

Gefährdet Mit einer Spannweite von 60 Zentimetern und
150 Gramm Gewicht gilt die Australische Gespenstfleder-
maus *(Macroderma gigas)* als eine der größten Fledermäuse
der Welt. Große Käfer und andere Insekten zählen zu ihrer
Hauptbeute. Aber auch Frösche und Eidechsen schmecken
den fliegenden Säugetieren, die mit ihrer grauen Haut in der
Nacht tatsächlich ein wenig an ein Gespenst erinnern. Viele

Meist sind **Quokkas** nur in der
Nacht aktiv. Sie stellen aber
ihren Rhythmus um, wenn sie
tagsüber von Touristen Futter
erbetteln können.

Menschen aber lassen sich von der unheimlichen Erscheinung nicht abschrecken und erkunden deren Schlafhöhlen. Solche Störungen aber verträgt die Fledermaus nicht, die deshalb im Nordwesten Australiens immer seltener wird. Am Anfang des 21. Jahrhunderts gab es nur noch einige Tausend Exemplare dieser Nachtgespenster mit den übergroßen Ohren.

Carnabys Weißohr-Rabenkakadus leben in Landschaften mit Hartlaubsträuchern wie dem Silberbaumgewächs *Dryandra sessilis*, auf dem dieser Vogel gerade sitzt.

Weißohr-Rabenkakadus

🐾 **Stark gefährdet** Normalerweise fallen Papageien eher mit leuchtenden Farben auf. Doch wie es schon ihr Name vermuten lässt, tanzen die fünf Arten der Rabenkakadus mit ihrem pechschwarzen Gefieder und allenfalls kleinen Farbflecken ziemlich aus der Reihe. Zwei Arten dieser nur in Australien vorkommenden Gattung gelten als stark gefährdet, weil der Mensch ihren Lebensraum im Südwesten des

Baudins Weißohr-Rabenkakadus plündern manchmal Obstplantagen und dürfen daher geschossen werden, obwohl die Art stark gefährdet ist.

Kontinents vernichtet. Carnabys Weißohr-Rabenkakadu *(Calyptorhynchus latirostris)* findet seine Nahrung in den Strauchheiden dieser Region, benötigt aber am Rand alte Eukalyptusbäume, auf denen er nistet. Baudins Weißohr-Rabenkakadu *(Calyptorhynchus baudinii)* lebt dagegen in den niederschlagsreicheren Gebieten der gleichen Region in dichten Wäldern. Beide Arten haben dasselbe Problem: Ihre Heimat verwandeln die Farmer Australiens zunehmend in Weizenfelder, beide Arten listet die IUCN als stark gefährdet.

Nachtsittich

Vom Aussterben bedroht Der Nachtsittich *(Pezoporus occidentalis)* galt lange als ausgestorben: Nur 22 ausgestopfte Bälge waren in den Museen der Welt verteilt, deren jüngster aus dem Jahr 1912 stammte. Die Ornithologen Australiens waren daher völlig aus dem Häuschen, als auf einer Landstraße im Nordwesten des Bundesstaats Queensland im Oktober 1990 ein überfahrenes Exemplar dieser Art gefunden wurde. Fünf ausgedehnte Suchaktionen und zwei große Kampagnen in der Öffentlichkeit brachten danach allerdings nicht das geringste Ergebnis.

Dann beobachteten Biologen am 12. April 2005 im Bundesstaat Western Australia drei lebende Nachtsittiche, konnten sie aber nicht fotografieren, weil die Tiere offensichtlich nachts unterwegs sind. Im November 2006 fanden Ranger in Queensland einen weiteren toten Nachtsittich, der vermutlich Wochen vorher an einem Stacheldrahtzaun verendet war. Viel mehr ist über diese Art nicht bekannt. BirdLife International vermutet zwar, dass es weltweit weniger als 50 erwachsene Nachtsittiche gibt, kann aber nicht ausschließen, dass die Art noch viel weiter verbreitet ist.

Sichtungen oder Nachweise von **Nachtsittichen** sind extrem selten, weil diese Vögel in äußerst abgelegenen Regionen leben und ausschließlich nachts fliegen.

Wälder Neuseelands

Als am Ende des 13. Jahrhunderts zum ersten Mal Menschen Neuseeland erreichten, waren 80 Prozent des Landes mit Wäldern bedeckt. Am Anfang des 21. Jahrhunderts waren davon noch ganze 24 Prozent übrig. Vor allem den auf Wald angewiesenen Tierarten Neuseelands bereitete diese Entwicklung große Schwierigkeiten.

Die **Kleine Neuseelandfledermaus** ist am Boden auf allen Vieren erheblich wendiger als die meisten anderen Fledermäuse.

Kleine und Große Neuseelandfledermaus

Gefährdet bzw. vom Aussterben bedroht In den letzten Naturwäldern des Landes hat die Kleine Neuseelandfledermaus *(Mystacina tuberculata)* überlebt, die im Gegensatz zu den meisten anderen Flattertieren flink wie eine Maus auf allen Vieren über den Boden huscht. Das höchstens 15 Gramm schwere Tier setzt dabei seine Flügel als Vorderbeine ein. Um die Bodenhaftung zu verbessern, haben die Sohlen der Fledermäuse ähnliche tiefe Falten wie Biologen sie von Geckofüßen kennen. Seine Flügel rollt das Tier am Boden in eine lederne Membran ein und schützt so die empfindlichen Flughäute vor Verletzungen. Sind sie ausgerollt, fliegt die Fledermaus auf diesen Flügeln ähnlich geschickt wie der Rest ihrer Verwandtschaft wenige Meter über dem Boden durch den Regenwald.

Genau wie die Kleine lebt wohl auch die Große Neuseelandfledermaus *(Mystacina robusta)* nur in den Urwäldern des Landes und fällt häufig Ratten zum Opfer. Sobald vergiftete Köder in einer Region die Nagerplage verringern, stabilisieren sich daher die Zahlen der Kleinen Neuseelandfledermaus, während sich die Populationen in allen anderen Gebieten im steilen Sinkflug befinden. Ob die Große Neuseelandfledermaus ähnlich reagiert, ist bisher nicht bekannt – die IUCN führte sie bis 1996 als ausgestorben. Die Letzten dieser Art lebten wohl auf den benachbarten Inseln Big South Cape und Putauhina weit im Süden Neuseelands. 1962 oder 1963 kamen Ratten dann von einem Fischerboot auf diese Inseln, 1967 wurde dort die letzte Fledermaus gesehen.

Später rotteten Mitarbeiter der neuseeländischen Naturschutzbehörde Department of Conservation (DoC) die Ratten dort wieder aus. Anschließend gab es erste Berichte, dass die Große Neuseelandfledermaus wieder gesichtet worden sei. 1999 wurden sogar ihre Ortungsrufe auf Putauhina aufgezeichnet. Bisher konnte zwar niemand mit Bildern oder durch den Fang eines Exemplars bestätigen, dass die Art dort tatsächlich überlebt hat. In der Roten Liste der IUCN aber ist die Große Neuseelandfledermaus inzwischen vom Status „ausgestorben" in die Kategorie „vom Aussterben bedroht" gewandert.

Moas

🦤 **Ausgestorben** Im Gegensatz zur Großen Neuseelandfledermaus werden die Moas den Status „ausgestorben" wohl nicht mehr loswerden. Elf Arten dieser Vogelfamilie (Dinornithidae) gab es auf Neuseeland, als die aus Polynesien stammenden Maori die Inseln am Ende des 13. Jahrhunderts zum ersten Mal erreichten. Einige Moas waren so groß wie Truthähne, andere dagegen könnten bis zu 280 Kilogramm gewogen haben. Für die neu angekommenen Menschen aber waren diese Riesenvögel trotzdem keine ernst zu nehmenden Gegner. Weil es auf Neuseeland abgesehen von Fledermäusen keine Säugetiere gab, die auf festem Land jagten, kannten die Vögel keine Scheu vor Lebewesen, die sich ihnen zu Fuß näherten. Die Maori schnitten daher den großen Arten wohl einfach die Sehnen an den Beinen durch oder erlegten die Tiere mit langen Speeren.

Weil die meisten anderen Tiere auf Neuseeland viel kleiner waren und auf den Inseln kaum essbare Pflanzen wachsen, wurden die flugunfähigen Moas schnell zum Grundnahrungsmittel der Maori. Tatsächlich entdecken Forscher wie Paul Scofield vom Canterbury Museum in Christchurch in den Überresten damals verstorbener Menschen häufig Spuren der Gicht, wie sie bei übermäßigem Fleischkonsum typisch sind. Die Moas wiederum legten nur wenige Eier im Lauf ihres mitunter über 100 Jahre währenden Lebens. Diese Kombination aus starker Bejagung und nur wenigen Nachkommen aber rottete die meisten Arten in weniger als 100 Jahren aus, um 1500 verschwand dann wohl auch die letzte Art endgültig von der Erde.

Weil **Moas** seit über 500 Jahren ausgestorben sind, gibt es nur noch Museumsexponate dieser Riesenvögel.

Dieses Ausstellungsstück eines **Riesenmoas** steht im War Memorial Museum in Auckland.

229

Da die Moas erst vor wenigen Hundert Jahren ausgerottet wurden, konnten Forscher ihr Schicksal relativ gut rekonstruieren. Daher gilt die Geschichte dieser Vögel heute als Paradebeispiel für das Massenaussterben vieler großer Tierarten während und nach der letzten Eiszeit in Europa, Asien, Amerika und Australien. Dort tauchten jeweils Menschen mit den Waffen der Steinzeit neu in einer Region auf, in der bald die großen Tierarten verschwanden.

Kaka

🖎 **Stark gefährdet** In den letzten Urwäldern Neuseelands hören Wanderer die krächzenden Stimmen noch ab und zu zwischen den Wipfeln der Bäume. Irgendwo dort oben fliegt dann ein Kaka *(Nestor meridionalis)* aus der Ordnung der Papageien vorbei. Die Stimme des rund ein Pfund schweren Vogels aber verstummt. Erst rodeten die Menschen die Wälder, in denen Kakas ihr vielfältiges Futter von Beeren und Samen bis zu Nektar und Insekten finden. Zur größten Gefahr aber wurden Hermeline, Ratten und aus Australien eingeschleppte Fuchskusu-Beuteltiere, die brütende Weibchen häufig in ihren Baumhöhlen erwischen und ihnen so den Fluchtweg versperren. Gleichzeitig töten sie dabei die Mutter und ihren Nachwuchs. Inzwischen gibt es viel mehr

Mit ihren krächzenden Rufen verständigen sich **Kakas** auch, während sie durch die neuseeländischen Wälder fliegen.

männliche Kakas als weibliche und der Sinkflug der Art beschleunigt sich. Die Naturschutzbehörde DoC versucht, diese Entwicklung zu stoppen und die eingeschleppten Säugetiere mit verschiedenen Methoden zu dezimieren: In Fallen werden Hermeline erschlagen, vergiftete Köder, die in unzugänglichen Gegenden aus Flugzeugen über größere Flächen abgeworfen werden, töten auch die anderen Raubsäugetierarten. Vielleicht hat der Kaka also doch noch eine Chance.

Kiwis

🖎 **Vorwarnliste bis vom Aussterben bedroht** Auf Menschen und die mit ihnen kommenden Säugetiere waren die Vögel Neuseelands überhaupt nicht vorbereitet. Vor deren Auftauchen hatten sie kaum Feinde, die ihnen vom Boden aus nachstellten. Warum also sollten sie sich Flügel leisten, die viel Energie schlucken, aber für eine Flucht gar nicht nötig sind? Im Lauf der Jahrmillionen verloren daher viele Vögel der Inseln die Fähigkeit zu fliegen, darunter auch die Nationalsymbole Neuseelands: die hühner- oder entengroßen Kiwis, die mit fünf Arten die Familie der Apterygidae bilden.

Der auch „Rowi" genannte **Okarito-Kiwi** stand im Jahr 2000 kurz vor dem Aussterben. Inzwischen hat sich der Bestand der Vögel ein klein wenig erholt.

Die eingeschleppten Säugetiere aber setzen den Kiwis noch heute stark zu. Ratten, Wiesel und Hermeline gelten als gewiefte Eierdiebe und fressen den Nachwuchs, Hunde und Katzen erwischen die ausgewachsenen Vögel. Auf der Prioritätenliste der Naturschutzbehörde DoC stehen Kiwis daher ganz oben, sogar die Bank of New Zealand greift ihnen mit erklecklichen Summen unter die kaum vorhandenen Stummelflügel. In den wenigen Regionen, in denen der Vogel bisher überlebt hat, sorgt das DoC so gut es eben geht für seinen Schutz.

So werden in Brutzentren die Eier der Vögel ausgebrütet. Da die Küken nach dem Schlüpfen sofort selbstständig sind,

bleiben die Youngster so lange in großen Gehegen, bis sie erwachsen sind. Dann werden sie in ihre Wälder entlassen und können sich dort zumindest kleinere Raubtiere erfolgreich vom Hals halten. Auf der Coromandel-Halbinsel vergällt DoC-Spezialist Tommy Herbert den Hunden von Farmern und Jägern obendrein mit einem Trainingsprogramm den Appetit auf Kiwis und schützt damit auch die erwachsenen Tiere. Zumindest den am stärksten gefährdeten Arten wie dem vom Aussterben bedrohten Rowi konnte so geholfen werden: Im Jahr 2000 gab es gerade noch 150 Rowis, 2010 zählten die Artenschützer schon wieder 350 Exemplare.

Der **Hihi** oder Gelbbandhonigfresser hatte bis in die 1980er-Jahre nur auf einer kleinen Insel vor der Nordinsel Neuseelands überlebt.

Hihi

🐾**Gefährdet** Eingeschleppte Ratten und Katzen haben den Hihi (*Notiomystis cincta*) auf Neuseeland beinahe ausgerottet. Die Vögel von der Größe einer Meise waren eine so leichte Beute für die Raubsäuger, dass bereits 1883 das letzte Exemplar auf der Nordinsel Neuseelands gesichtet wurde. Nur auf Little Barrier Island weit vor der Küste der Hauptinsel hatten die Hihis überlebt. Bereits 1894 wurde dort ein Schutzgebiet eingerichtet, in dem die Art überlebte. In den 1980er-Jahren begann die Naturschutzbehörde DoC, einzelne Hihis auf raubtierfreie Inseln wie Kapiti und Tiritiri Matangi umzusiedeln. 2005 wurden dann 60 Hihis im Karori Wildlife Sanctuary ganz in der Nähe der neuseeländischen Hauptstadt Wellington freigelassen – zum ersten Mal seit über 120 Jahren brüteten die Vögel wieder auf der Hauptinsel. Das gelingt aber nur, weil ein Spezialzaun Ratten, Katzen und andere eingeschleppte Arten vom Schutzgebiet fernhält. Zwischen 500 und 1000 Hihis flogen 2010 wieder durch die Wälder Neuseelands.

Kakapo

Vom Aussterben bedroht Der Kakapo *(Strigops habroptilus)* fällt in seiner Verwandtschaft nicht nur mit exzentrischen Verhaltensweisen auf, sondern hält auch mehrere Rekorde. Mit mehr als zwei Kilogramm Gewicht ist er der schwerste Papagei der Welt. Beim Balzen pumpt ein männlicher Kakapo so lange Luft in zwei Luftsäcke in seiner Brust, bis er die Größe eines Fußballs erreicht, nur um dann seine wummernden Rufe im tiefsten Bass von sich zu geben, die einige Kilometer weit hallen können. Als einziger Papagei hat er das Fliegen längst aufgegeben, klettert aber umso geschickter auf die Bäume seiner Wälder. Und schließlich gehört er nicht nur zu den seltensten, sondern auch zu den bekanntesten Vögeln der Welt.

Da Kakapos nicht fliegen können, entkamen sie den eingeschleppten Ratten, Katzen und Hermelinen noch schlechter als die entfernt verwandten Kakas, die sich immerhin noch in die Luft retten können. Vor allem verwilderte Katzen setzten der Population erheblich zu, weil sie die auf dem Boden brütenden Weibchen leicht erwischten. In den 1970er-Jahren hielten viele den größten Papagei der Welt dann auch schon für ausgestorben. Mit aufwendigen Expeditionen in die unzugänglichen Bergtäler im verregneten Süden der Südinsel Neuseelands spürten Spezialisten der Naturschutzbehörde DoC zwar doch noch einige lebende Tiere

auf. Unter ihnen war allerdings kein einziges Weibchen mehr, der Kakapo schien also nicht mehr zu retten zu sein.

Dann aber entdeckten DoC-Mitarbeiter 1980 in den sumpfigen Regenwäldern auf Steward Island südlich der Südinsel noch bis zu 200 Vögel, unter denen sich auch einige wenige Weibchen befanden. In der Natur hatten diese Tiere, die bis zu 100 Jahre alt werden sollen, keine Chance gegen die verwilderten Katzen der Insel, die jedes Jahr rund die Hälfte aller noch lebenden Kakapos töteten. Am Ende fing man alle Papageien ein, die man erwischen konnte, und brachte sie auf kleine, raubtierfreie Inseln. 1995 zählte der Weltbestand der Kakapos nur noch 19 Weibchen und 31 Männchen. Mit allen Mitteln des Naturschutzes wurde diesen wenigen Papageien dann geholfen. Rund um die Uhr wurden ihre Nester bewacht, war die Nahrung aus Samen und anderen Pflanzenteilen knapp, fütterten die Ranger zu, einige Weibchen wurden künstlich besamt. Und die Rettung des Kakapos entwickelte sich tatsächlich zu einer Erfolgsgeschichte: Im Jahr 2010 zählten DoC-Mitarbeiter bereits wieder 122 der massigen Papageien auf der Welt.

N

100 km

www.kartographie.de

Nordinsel

Südinsel

Ursprünglich lief der **Kakapo** durch die vielen Urwälder Neuseelands, heute gibt es diesen Papagei nur noch auf den beiden mit Pfeilen gekennzeichneten kleinen Inseln.

Der schwerste Papagei der Welt heißt **Kakapo** und läuft normalerweise nur nachts durch die Wälder Neuseelands.

Anchor Island

Codfish Island

Stewart Island

historisch (um 1840)

heute (Kakapo-Recovery-Programm)

Gras- und Buschland Neuseelands

Neben Wäldern gibt es in Neuseeland auch natürliche Grasländer. Vor allem in höheren Bergregionen wachsen beispielsweise die dicken Büschel des Tussockgrases, die der Landschaft einen ganz eigenen Charakter geben und speziell angepassten Arten wie dem Takahe eine Heimat bieten.

Ihren kräftigen, etwa fünf Zentimeter langen Schnabel nutzen die bräunlichen **Wekas** zur Futtersuche, aber auch als effektive Waffe.

Wekas kompensieren ihre Flugunfähigkeit mit kräftigen Beinen und großen Füßen, auf denen sie mal gemächlich und mal sehr flott unterwegs sind.

Weka

🦅 **Gefährdet** Die braunen Wekas *(Gallirallus australis)* gehören zu den Vögeln Neuseelands, die geradezu aufdringlich werden können. Sie stöbern an Parkplätzen nach Picknickresten, untersuchen nicht bewachte Rucksäcke und wagen sich sogar in Häuser, um dort die Krümel vom Küchenboden zu picken. Von Natur aus sind sie allerdings in Gras- und Buschland und an Waldrändern zu Hause. Dort ernähren sie sich von allem, was der Lebensraum hergibt: von Pflanzenkost über Vogeleier und Insekten bis zu Aas. Sogar Ratten können sie mit ihren kräftigen Schnäbeln und Beinen zur Strecke bringen. Obwohl es sich also um durchaus wehrhafte Vögel handelt, die zudem zwar nicht fliegen, aber ziemlich schnell laufen können, fallen viele Wekas den zahllosen

Iltissen, Hermelinen, Katzen und Hunden zum Opfer, die erst der Mensch in Neuseeland eingeführt hat. Zudem verändern ihre neuen zwei- und vierbeinigen Nachbarn den Lebensraum der Tiere. Etliche Wekas werden überfahren oder fressen Giftköder, die zur Bekämpfung von eingeschleppten Arten ausgelegt werden. Und auch mit dem Klimawandel scheinen sie nicht gut zurechtzukommen. Denn der lässt häufiger Trockenperioden auftreten, in denen die Vögel nicht mehr genug Wasser und Futter finden. Die IUCN hält die Art daher für gefährdet.

Takahe

🦤 **Stark gefährdet** Für einen der attraktivsten Vögel Neuseelands schien es keine Hoffnung mehr zu geben. Der fast gänsegroße Takahe *(Porphyrio hochstetteri)* mit seinem schillernd blaugrünen Gefieder und dem kräftigen, roten Schnabel galt Anfang des 20. Jahrhunderts als ausgestorben. Dann aber wurde im April 1948 doch noch ein letztes, auf etwa 500 Tiere geschätztes Vorkommen in den unwegsamen und verregneten Murchison Mountains im Süden der Südinsel entdeckt.

Um diesen Bestand nicht auch noch zu verlieren, wies die neuseeländische Regierung ein 650 Quadratkilometer großes Schutzgebiet aus. Die Jagd, die man als Ursache für das Verschwinden der Art vermutete, war dort streng verboten. Trotzdem schrumpften die Bestände weiter, bis es 1982 nur noch 118 erwachsene Tiere gab. Schuld an dieser Entwicklung waren tierische Feinde und Konkurrenten, die der Mensch im Lauf der Jahrhunderte aus anderen Weltregionen nach Neuseeland eingeführt hatte. So fressen Hirsche den Takahes das Tussockgras weg und Hermeline verspeisen die Eier und Küken.

Kleine **Takahes** werden abwechselnd von beiden Elternteilen gefüttert, bis sie etwa drei Monate alt sind.

Phil Tisch und seine Kollegen von der neuseeländischen Naturschutzbehörde Department of Conservation (DoC) aber versuchen, den Bestand der vom Aussterben bedrohten Vögel wieder aufzupäppeln. Auf 50 000 Hektar Fläche haben sie in den Murchison Mountains rund 1800 Hermelinfallen aufgestellt, um den einzigen Wildbestand der Takahes zu retten. Zudem haben sie kleine Gruppen von Takahes auf raubtierfreien Vogelschutzinseln in Sicherheit gebracht. Und diese kleinen Bestände bekommen regelmäßig Nachschub an Jungvögeln, die in der vom DoC geführten Zuchtstation Burwood Bush unweit der Stadt Te Anau das Licht der Welt erblickt haben.

Dort ziehen Glen Greaves, Phil Marsh und ihre Kollegen jedes Jahr mit großem Aufwand und der Unterstützung von gefiederten Ersatzeltern eine neue Generation Takahes heran. Das ist gar nicht so einfach. Denn die blauen Rallen gehören zu den Vögeln, die ein artgerechtes Verhalten von ihren Eltern lernen müssen. Haben sie in ihrer Jugend keinen Umgang mit Artgenossen, nehmen sie sich eben ihre menschlichen Betreuer zum Vorbild und kommen später in der rauen Natur der Murchison Mountains nicht zurecht.

Also überlassen die Naturschützer die Aufzucht der flaumigen, schwarzen Küken entweder ganz den erwachsenen Takahes, die in dicht mit Tussockgras bewachsenen Gehegen rings um die Zuchtstation leben, oder sie halten zumindest den Kontakt zwischen Vögeln und Betreuern möglichst gering. Das Menü aus mit Kräutern vermischtem Babybrei

bekommen die Küken dann von einer Handpuppe mit rotem Schnabel serviert, ein MP3-Player spielt dazu passende Takahe-Laute. Im Alter von etwa sechs Wochen ziehen auch diese Vögel ins Freilandgehege um und lernen echte Artgenossen kennen, von denen sie alles Wichtige für ihr späteres Leben lernen. Mit etwa einem Jahr sind sie dann so weit, dass sie in den Murchison Mountains oder auf den Vogelschutzinseln freigelassen werden können. Insgesamt lebten dort im Jahr 2010 wieder 230 der blau schillernden Vögel.

Ziegensittich

Gefährdet Was ihren Lebensraum und ihre Nahrung angeht, sind Ziegensittiche (*Cyanoramphus novaezelandiae*) nicht besonders anspruchsvoll. Die leuchtend grünen Papageien mit der roten Stirn kommen im Gras- und Buschland ebenso zurecht wie im dichten Regenwald und fressen alle mögliche Pflanzenkost ebenso gern wie Insekten. Trotzdem ist die einst häufige Art von den beiden Hauptinseln Neuseelands so gut wie verschwunden. Dazu hat die Zerstörung ihrer Lebensräume wohl ebenso beigetragen wie das Auftauchen von Nesträubern, darunter Ratten, Katzen und Marder. Auch vom Menschen eingeführte Vogelarten sind wohl ein Problem, fressen sie den Papageien doch das Futter weg. Und schließlich haben manche Neuseeländer früher auch zum Gewehr gegriffen, weil die Papageien Schaden auf Feldern und in Gärten angerichtet hatten.

Die Maori auf Neuseeland nennen den bis zu 30 Zentimeter großen **Ziegensittich** Kakariki, was „kleiner Papagei" bedeutet.

Tuataras besitzen relativ große Augen, da sie hauptsächlich nachts und in der Dämmerung aktiv sind.

Unter den Schuppen auf ihrem Kopf liegt bei **Tuataras** ein sogenanntes Scheitelauge, das der Hell-Dunkel-Wahrnehmung dienen könnte.

Tuataras

🐢 **Eine der beiden Arten gefährdet** Das Tier sitzt da wie aus Stein gemeißelt. Der Körper mit seiner faltigen, grünlichen bis grauen Schuppenhaut und den bizarren Stacheln auf dem Rücken zeigt nicht die geringste Regung. Man könnte ihn für ein gut gemachtes Modell eines Urzeitreptils halten. Doch ein Blick in die großen, glänzenden Augen lässt keinen Zweifel: Dieses Fossil lebt. Dabei handelt es sich tatsächlich um einen Boten aus einer längst vergangenen Epoche der Erdgeschichte. Die Verwandten der Tuataras (Gattung *Sphenodon*) lebten schon zu Zeiten der Dinosaurier. In Neuseeland haben sie die Jahrmillionen bis heute überdauert – eine Erfolgsgeschichte der Evolution.

Im Bau von Schädel und Skelett unterscheiden sich die auch als Brückenechsen bekannten Tiere deutlich von allen anderen Reptilien. Ganz abgesehen davon, dass Tuataras keinen Penis, dafür aber ein drittes Auge haben. Dieses zusätzliche Sinnesorgan oben auf dem Kopf ist bei frisch geschlüpften Tieren noch deutlich zu erkennen, später verschwindet es unter transparenten Schuppen und Pigmenten. Doch es bleibt zumindest teilweise funktionstüchtig. Vielleicht hilft es bei der Bildung von Vitamin D, vielleicht steuert es auch die innere Uhr der Reptilien. So genau weiß das bisher niemand.

Klar ist aber, dass die exzentrischen Reptilien mit der modernen Welt nicht besonders gut zurechtkommen. Denn ihre altbewährten Überlebensstrategien funktionieren nicht mehr. Solange sie nur die einheimischen Greifvögel als Feinde hatten, konnten sie einfach bewegungslos dasitzen und auf die Tarnfarbe vertrauen oder notfalls in ihren Bau flüchten. Die Evolution hatte sie aber nicht auf vom Menschen eingeschleppte Ratten vorbereitet, die ihnen problemlos in ihre Behausung folgen können. Also verschwanden die Tuataras von den beiden Hauptinseln Neuseelands und überlebten nur auf etwa 30 winzigen, säugetierfreien Inseln. Die Art *Sphenodon guntheri* steht als „gefährdet" auf der Roten Liste der IUCN.

Seit einigen Jahren aber sind die Tuataras wieder auf dem Vormarsch. Die neuseeländische Naturschutzbehörde Department of Conservation hat die Ratten auf etlichen weiteren Inseln ausgerottet und Nicola Nelson und ihre Kollegen von der Universität Wellington haben dort Reptilien von anderen Inseln oder aus ihrer eigenen Zucht angesiedelt. Sogar auf der großen Nordinsel Neuseelands gibt es inzwischen wieder Brückenechsen. Im Schutzgebiet Karori Wildlife Sanctuary in Wellington haben die Forscher in den Jahren 2005 und 2007 insgesamt 200 erwachsene Tiere freigelassen, die sogar Nachwuchs bekamen. Vielleicht geht die Erfolgsgeschichte der Tuataras ja doch noch weiter.

Große Skinke sitzen häufig auf sonnigen Felsen und ziehen sich nur bei Gefahr in geschützte Spalten zurück.

Großer Skink und Otagoskink

Gefährdet bzw. stark gefährdet Ihre Größe und ihr ausgefallenes Muster machen den bis zu 30 Zentimeter langen Otagoskink *(Oligosoma otagense)* und den 23 Zentimeter langen Großen Skink *(Oligosoma grande)* zu den eindrucksvollsten Eidechsen Neuseelands. Beide Arten leben nur in der Otago-Region auf der Südinsel. Dort sonnen sie sich auf einzeln stehenden Felsen inmitten des Tussockgraslandes und suchen nach Insekten, Früchten und kleineren Eidechsen. Obwohl ihre Färbung auf den flechtenbewachsenen Felsen eine gute Tarnung bietet, landen zahllose Skinke in den Mägen von eingeschleppten Katzen und Mardern. Da sie sich nur langsam vermehren, sind sie deutlich schneller bedroht als andere Eidechsen. Von beiden Arten sollen nach Schätzungen der neuseeländischen Naturschutzbehörde Department of Conservation nur noch jeweils rund 2000 Exemplare leben. Die IUCN hält den Großen Skink für gefährdet, den Otagoskink gar für stark gefährdet.

Die bis zu 30 Zentimeter langen **Otagoskinke** sind die größten Eidechsen Neuseelands.

Schmuck-Grüngecko

Vorwarnliste Ende 2009 wurde am Flughafen der neuseeländischen Stadt Christchurch ein Mann verhaftet, der mehr
als 40 Schmuck-Grüngeckos *(Naultinus gemmeus)* und andere bedrohte Reptilien zwischen seiner Unterwäsche außer
Landes schmuggeln wollte. Auf dem Schwarzmarkt für Ter-
rarientiere versprach er sich offenbar einen guten Gewinn.

Neben der illegalen Jagd haben die kleinen Reptilien
aber auch noch mit anderen Problemen zu kämpfen. Eingeschleppte Feinde wie Ratten machen ihnen ebenso zu schaffen wie der Verlust ihres Lebensraums. Schmuck-Grüngeckos
kommen nur im Buschland im Südosten der Südinsel Neu-

seelands vor. Die Büsche aber mussten vielerorts gehölz-
freien Viehweiden weichen. Andererseits ist es aber auch
wieder nicht günstig, das Weidevieh ganz aus der Gecko-
Heimat zu verbannen. Denn Zoologen von der University
of Otago im neuseeländischen Dunedin haben herausgefunden, dass sich in nicht beweidetem Buschland die für
Geckos gefährlichen Nagetiere stärker ausbreiten.

Bei ihren Untersuchungen haben die Forscher eine Foto-
kartei der Geckos in ihrem Studiengebiet angelegt. So konnten sie genau bestimmen, von welchem Busch die in Christchurch beschlagnahmten Tiere stammten. Dort wurden sie
wieder ausgesetzt und hatten daher gute Überlebenschancen. Nochmal Glück gehabt!

Wer nicht genau hinschaut, kann diesen gut getarnten **Schmuck-Grüngecko** im Geäst leicht übersehen.

Gebirge Neuseelands

Für die Bergbewohner der Tierwelt ist Neuseeland eine sehr interessante Region. Immerhin ziehen sich die Südalpen über 450 Kilometer der Länge nach durch die gesamte Südinsel. Der höchste Berg ist der mehr als 3700 Meter hohe Mount Cook, den die Maori Aoraki nennen.

Keas sind extrem neugierige Vögel. Sobald sie etwas Interessantes entdeckt haben, fliegen sie hin und untersuchen es genau.

Kea

🐾 **Gefährdet** Wenn Keas (*Nestor notabilis*) sich ein Auto vornehmen, kann es für den Besitzer teuer werden. Die olivgrünen Papageien, die nur in den Gebirgsregionen auf der Südinsel Neuseelands leben, sind bekannt für ihre Neugier und berüchtigt für ihren Drang, alles auseinanderzunehmen. Nach Ansicht von Verhaltensforschern gehören sie zu den intelligentesten Vögeln, die es überhaupt gibt. Sogar Werkzeuge wissen sie sehr geschickt einzusetzen.

Darüber allerdings sind Sanjay Thakur und seine Kollegen von der neuseeländischen Naturschutzbehörde Department of Conservation nicht besonders glücklich. Denn die Keas sabotieren deren ohnehin schon schwierigen Kampf gegen Hermeline. Diese Marder gehören zu den gefährlichsten eingeschleppten Feinden der einheimischen Vogelwelt. Daher fangen die Naturschützer sie in Holzkästen mit einem Ei als Köder und einer Art überdimensionaler Mausefalle im Inneren. Ungünstigerweise sind einige Keas in den Murchison Mountains im Süden Neuseelands allerdings auf die Idee gekommen, mit einem langen Stock so lange im Eingang des Kastens herumzustochern, bis die Falle zuschnappt. Was sie damit bezwecken, weiß niemand so genau, am Köder scheinen sie jedenfalls kein besonderes Interesse zu haben. Möglicherweise handelt es sich um eine Art Spiel.

Bei allem handwerklichen Geschick bringen sich die neugierigen Vögel allerdings manchmal selbst in Gefahr. So haben sie ein fatales Faible für die aus Blei hergestellten Nägel entwickelt, die in Neuseeland noch in den Dächern älterer Berghütten stecken. Mit ihren kräftigen Schnäbeln zerren und knabbern sie so lange daran herum, bis sie das süß schmeckende Schwermetall verspeisen können. Viele Keas sterben deshalb an Bleivergiftung.

Auch sonst fressen die Vögel so gut wie alles, was ihnen vor den Schnabel kommt. Da einige auch vor Attacken auf Schafe nicht zurückschrecken, wurden zwischen 1860 und 1970 mehr als 150 000 Keas legal getötet. Seit 1986 stehen die Tiere unter Schutz. Gegen vom Menschen eingeführte Feinde wie Katzen und Marder hilft das natürlich nichts. Und auch neue Konkurrenten wie Hirsche und Hasen, die ihnen wichtiges Winterfutter wegfressen, könnten die Bestände der Keas dezimieren. Wie viele der Papageien es noch gibt, weiß niemand genau. Schätzungen schwanken zwischen 1000 und 15 000. Die Schutzorganisation Kea Conservation Trust versucht, in Freilandstudien genauere Zahlen zu ermitteln.

Selbst in den felsigen Hochgebirgsregionen der neuseeländischen Südalpen finden **Keas** ein Auskommen.

Seen, Flüsse und Feuchtgebiete Neuseelands

Wandern Touristen aus der nördlichen Hemisphäre an den Gewässern Neuseelands entlang, staunen sie nicht selten über ein kristallklares Wasser, wie sie es aus ihrer Heimat längst nicht mehr kennen. Obwohl ihre Welt noch scheinbar in Ordnung ist, haben aber auch die Arten, die in diesen Lebensräumen zu Hause sind, enorme Schwierigkeiten.

Die auch als Blaue Ente bezeichnete **Saumschnabelente** lebt heute nur noch an den Oberläufen weniger Gewässer. »

Nur im glasklaren Wasser erspähen **Saumschnabelenten** die Insektenlarven, die ihre Leibspeise darstellen.

Saumschnabelente

Stark gefährdet Indem die Siedler die Unterläufe der neuseeländischen Flüsse verschmutzten, vertrieben sie dort die Saumschnabelente *(Hymenolaimus malacorhynchos)*, die einst im ganzen Land lebte. Die Art findet die Larven von Insekten eben nur unter dem Geröll glasklarer Gewässer. Die gibt es an den Oberläufen zwar noch reichlich. Dort aber dezimieren eingeschleppte Säugetiere die Blaue Ente, wie die Neuseeländer sie nennen. Vor allem das Hermelin macht dem Vogel zu schaffen: Es attackiert die Weibchen auf dem Nest und schnappt sich bei jeder sich bietenden Gelegenheit Eier und Küken.

Noch in den 1990er-Jahren glaubten Naturschützer, die von den Maori Whio genannte Art würde diesen Aderlass durchaus verkraften. Am Anfang des 21. Jahr-

Nur weil sehr viele **Neuseelandenten** in Zuchtstationen aufwachsen, schwimmen diese Vögel noch in den Seen des Landes.

Viele **Neuseelandenten** werden bei der Überquerung von Straßen überfahren.

Neuseelandente

🦆 **Stark gefährdet** Die Probleme der Neuseelandente *(Anas chlorotis)* sind die gleichen wie bei anderen Arten im Land: Eingeschleppte Säugetiere dezimieren nicht nur die ausgewachsenen Vögel, sondern holen sich vor allem Eier und Küken. Lange Zeit schossen zudem Jäger auf die Enten, die den hungrigen Hermelinen und Katzen entkommen waren. Und etliche der von den Maori Pateke genannten Tiere werden auf den Straßen überfahren. Ohne Hilfe von Naturschützern wäre die Neuseelandente wohl schon ausgestorben. Seit aber mehr als 200 Patekes in Zuchtstationen

hunderts wurden sie aber eines Schlechteren belehrt. Die Brutgebiete der Vögel liegen mittlerweile so weit voneinander entfernt, dass die jungen Enten keinen Geschlechtspartner mehr finden. Während die Population zusammenbricht, taucht noch eine weitere Gefahr auf: Abenteuerurlauber lassen sich in Gummireifen oder Kajaks durch die Stromschnellen treiben und verjagen dort die letzten Saumschnabelenten. Im Jahr 2010 dürften keine 3000 Blauen Enten mehr in den Gewässern Neuseelands Larven gesucht haben.

Eier legen und der erwachsene Nachwuchs später in der Natur freigelassen wird, hat die Art wieder eine Chance. 2010 lebten wieder ein wenig mehr als 2000 Neuseelandenten in den Gewässern des Landes.

Schwarzer Stelzenläufer

Vom Aussterben bedroht Aus den gebirgigen Regionen tragen die Flüsse Neuseelands jede Menge Kies talwärts und lagern ihn als große Schotterbänke ab. Auf diesen brütete einst der Schwarze Stelzenläufer *(Himantopus novaezelandiae)* fast überall in Neuseeland. Die Menschen aber stauen die Flüsse, um elektrischen Strom zu erzeugen und schneiden so die riesigen Schotterebenen vom Nachschub ab. Dem Schwarzen Stelzenläufer bleiben da nur noch wenige Brutgebiete. Dort aber stehlen eingeschleppte Hauskatzen und Wiesel seine Eier oder erwischen den Vogel selbst. Manchmal zertrampeln auch Touristen seine Nester. 1981 gab es daher nur noch 23 dieser eleganten, rabenschwarzen Vögel mit den langen Stelzenbeinen, die alle im Steppengebiet des Mackenzie-Beckens im Landesinneren der Südinsel lebten. Weil die Naturschutzbehörde Department of Conversation Schutzgebiete ausweist, Hauskatzen und Wiesel massiv bekämpft und einige Vögel in Gefangenschaft hält, deren Nachwuchs im Mackenzie-Becken freigelassen wird, hat die Art gerade noch einmal überlebt. 2008 lebten immerhin schon wieder 78 Schwarze Stelzenläufer auf den Schotterbänken von Neuseelands Flüssen.

Der **Schwarze Stelzenläufer** ist einer der seltensten Vögel der Welt. Nur durch Zucht in Gefangenschaft hat er bis heute überlebt.

Küsten Neuseelands

Als Inselstaat besitzt Neuseeland eine sehr lange Küstenlinie, die zahlreichen Arten einen Lebensraum bietet. Viele Vögel finden dort ebenso ein Auskommen wie verschiedene Robbenarten, die zu den wenigen einheimischen Säugetieren Neuseelands gehören.

Die Männchen der **Neuseeländischen Seelöwen** versuchen unliebsamen Konkurrenten oft lautstark klarzumachen, wer der Chef am Strand ist.

Wenn sich **Dickschnabelpinguine** für einen Partner entschieden haben, bleiben sie oft ein Leben lang mit ihm zusammen. **»**

Neuseeländischer Seelöwe

Gefährdet Die Weibchen der Neuseeländischen Seelöwen (*Phocarctos hookeri*) haben es nicht leicht: Mit ihren um die 150 Kilogramm Gewicht sind sie gegenüber den 400 Kilogramm schweren Bullen körperlich klar im Nachteil. Wenn da eine einzelne Seelöwin über den Strand Richtung Wasser robbt, wird sie oft gleich von einem ganzen Pulk von interessierten Männchen verfolgt. Manchmal droht sie bei einem der ziemlich brachialen Annäherungsversuche sogar, im flachen Wasser zu ertrinken. Kein Wunder also, dass sich die Weibchen lieber zu mehreren im Harem eines kräftigen Bullen aufhalten.

Diese Männchen verteidigen ihre Partnerinnen gegenüber unliebsamen Avancen von Nebenbuhlern. Allerdings können die Weibchen zu viel Unfrieden und

Prügeleien um sich herum auch nicht leiden. Bruce Robertson und seine Kollegen von der University of Otago im neuseeländischen Dunedin haben oft beobachtet, dass sie besonders aggressiv auftretende Männchen meiden. Kämpfernaturen sind bei Seelöwinnen offenbar nicht unbedingt gefragt. Die Forscher haben daher den Verdacht, dass manchmal zwei verwandte Männchen eine Art Nichtangriffspakt schließen. So können sie womöglich eine friedlichere Atmosphäre schaffen und damit mehr Weibchen für sich gewinnen.

Gegen die größte Bedrohung der Robben nützt allerdings auch die beste Koalition nichts. Neuseeländische Seelöwen verenden heute oft als Beifang in den Netzen von Fischern, die ihnen außerdem einen Teil ihrer Nahrung wegfangen. Auch Krankheiten haben zum Rückgang etlicher Bestände beigetragen.

Wie bei allen Schopfpinguinen ist auch der Kopf des **Dickschnabelpinguins** mit dekorativen gelben Federn geschmückt.

Dickschnabelpinguin

🐾 **Gefährdet** Der gut 50 Zentimeter große Dickschnabelpinguin *(Eudyptes pachyrhynchus)* hat für menschliche Besucher nicht viel übrig. Die possierlichen Vögel mit den auffälligen gelben Federn über den Augen brüten nur an der Süd- und Südwestküste Neuseelands und auf einigen klei-

Gelbaugenpinguine benötigen einen schattigen Nistplatz. Deshalb brüten sie oft ein paar Hundert Meter von der Küste entfernt im Wald.

neren Inseln. Da sie sehr empfindlich auf Störungen reagieren, könnte ihr Bruterfolg unter dem immer populärer werdenden Naturtourismus in diesen Regionen leiden. Zudem haben die Vögel mit den Raubzügen von Hunden und Mardern zu kämpfen. Ein einziger Hund kann ohne Weiteres eine ganze Kolonie auslöschen. Nur 2500 bis 3000 Brutpaare dieser Pinguine soll es heute noch geben.

Gelbaugenpinguin

Stark gefährdet Anfang November durchbrechen an den Küsten der Südinsel die ersten graubraunen Küken der Gelbaugenpinguine (*Megadyptes antipodes*) ihre Eischalen. Für ihre Eltern beginnen dann harte Zeiten: Abwechselnd verlassen sie ihren unter Bäumen oder Büschen gelegenen Nistplatz, watscheln über den Strand und verschwinden im Meer. Nach ein paar Stunden Fischjagd kommen sie mit Futter für den Nachwuchs zurück – und können nur hoffen, dass ihnen dann nicht eine Schar neugieriger Touristen den Rückweg zum Nest versperrt. Gelbaugenpinguine sind scheu und leicht aus der Ruhe zu bringen. Das könnte das Überleben eines der seltensten Pinguine der Welt gefährden.

Nur noch 1600 bis 1800 Paare dieser Art sollen insgesamt an der Ost- und Südküste der Südinsel sowie auf drei kleinen Inseln südlich von Neuseeland brüten. Und die sind mit einer ganzen Liste von Problemen konfrontiert. Hunde, Katzen, Marder und Ratten stellen den Küken nach, erwachsene Vögel verheddern sich oft in Fischernetzen. Und wenn die scheuen Pinguine Menschen am Strand sehen, kommen sie oft nicht an Land. So verschwenden sie wertvolle Zeit und Energie, während der Nachwuchs hungrig im Nest wartet. Die Konsequenzen können David Agnew und seine Kollegen von der neuseeländischen Naturschutzbehörde Department of Conservation mit Zahlen belegen: An beliebten Ausflugsstränden wie der Sandfly Bay in der Nähe der Großstadt Dunedin sind die Jungtiere deutlich leichter und damit schlechter für ihren Start ins Erwachsenenleben gerüstet.

Doch wie Ursula Ellenberg und ihre Kollegen von der University of Otago in Dunedin herausgefunden haben, bleibt der Trubel auch für die ausgewachsenen Vögel nicht ohne Folgen. Im Blut von Pinguinen, die an stark frequentierten Stränden brüteten, fanden die Zoologen deutlich erhöhte Konzentrationen an Stresshormonen. Die ständige Anspannung führt dabei offenbar zu einem geringeren Bruterfolg. Verhaltensbeobachtungen und Herzschlagmessungen haben außerdem gezeigt, dass sich längst nicht jeder Pinguin an die Störenfriede vor seinem Nest gewöhnt.

Daher versuchen die DoC-Mitarbeiter, den Strandtourismus während der Brutzeit in geregelte Bahnen zu lenken. Freiwillige Helfer sind vor Ort, informieren Besucher und bitten sie, Abstand zu den Pinguinen zu halten und sie nur von eigens eingerichteten Verstecken aus zu beobachten. Auf der Otago-Halbinsel haben Farmer zudem ein Schutzgebiet für Pinguine, den „Penguin Place", eingerichtet. Dort können Besucher in unter Tarnnetzen verborgenen Tunneln an den brütenden Pinguinen vorbeilaufen und sie aus nächster Nähe fotografieren. Derweil gehen die Tiere ungestört von ihren menschlichen Fans ihren Aktivitäten nach.

Königsalbatrosse

🦅 **Gefährdet bzw. stark gefährdet** Königsalbatrosse gehören neben dem Wanderalbatros zu den größten Seevögeln der Welt. Zwischen ihren Flügelspitzen liegt oft eine Spannweite von mehr als drei Metern. Die eleganten Flieger sind die meiste Zeit über dem offenen Meer unterwegs. Bei ihren ausgedehnten Wanderungen über den gesamten Südozean legen manche in einem Jahr 190 000 Kilometer zurück. Zum Brüten allerdings müssen sie an Land. Der Nördliche Königsalbatros *(Diomedea sanfordi)* zieht seinen Nachwuchs in Taiaroa Head auf der neuseeländischen Südinsel und auf den Chatham-Inseln auf. Der Südliche Königsalbatros *(Diomedea epo-*

Nördliche Königsalbatrosse gehen lebenslange Bindungen ein. Die Partner treffen sich in jeder Brutsaison am gleichen Nest wieder und kümmern sich auch gemeinsam um den Nachwuchs.

Wie alle ihre Verwandten sind **Nördliche Königsalbatrosse** zwar elegante Flieger, die Landung wirkt allerdings oft eher unbeholfen.

mophora) brütet auf den ebenfalls zu Neuseeland gehörenden Auckland- und Campbell-Inseln. Da beide Arten auf wenige kleine Brutgebiete angewiesen sind, kann ein Sturm, eine Krankheit oder ein anderer Zufall leicht ganze Bestände auslöschen. Die IUCN stuft den Nördlichen Königsalbatros daher als stark gefährdet ein, der Südliche gilt als gefährdet.

Salvin-Albatros

Gefährdet Auch der schön gezeichnete Salvin-Albatros *(Thalassarche salvini)* gehört zu den Arten, die wegen ihres riskant kleinen Brutgebiets als gefährdet gelten. Die Kinderstuben dieser mittelgroßen Albatrosse sind meist kahle Fel-

Südliche Königsalbatrosse kennen aufwendige Balzrituale. Vor allem junge Männchen geben sich viel Mühe, ein Weibchen auf sich aufmerksam zu machen.

Mit etwa 90 Zentimetern Größe und rund 2,50 Metern Flügelspannweite gehören **Salvin-Albatrosse** zu den mittelgroßen Albatrosarten.

sen auf den zu Neuseeland gehörenden Bounty-, Snares- und Chatham-Inseln sowie auf den Crozet-Inseln in den Französischen Süd- und Antarktisgebieten.

Chatham-Austernfischer

🖎 **Stark gefährdet** Wie sein Name schon verrät, kommt der Chatham-Austernfischer *(Haematopus chathamensis)* nur auf den gleichnamigen Inseln rund 800 Kilometer östlich der neuseeländischen Hauptinseln vor. An den dortigen Küsten legt der schwarzweiße Vogel mit dem orangefarbenen Schnabel seine Eier auf den sandigen oder steinigen Boden. Der Nachwuchs ist in diesen Nestern allerdings ständigen Gefahren ausgesetzt: Katzen, Igel und andere Feinde warten nur auf die Chance, sich einen Snack zu holen, am Strand fahrende Autos zerstören die Gelege ebenso wie trampelnde Viehherden. Zudem wuchert ein eingeschlepptes Gras viele gute Brutplätze so stark zu, dass die Tiere ihr Nest gefährlich nahe an die Wasserlinie verlegen müssen. Viele solcher Verluste aber kann sich die Art nicht mehr leisten. Insgesamt gab es 2004 nur noch 311 Chatham-Austernfischer. Das sind aber immerhin mehr als doppelt so viele wie 1998, als die neuseeländische Naturschutzbehörde Department of Conservation mit einem Schutzprogramm für die Art begann.

Die seltenen **Chatham-Austernfischer** suchen an den Stränden der gleichnamigen Inseln nach Muscheln, Schnecken und anderen fressbaren Kleintieren.

Inseln Ozeaniens

Geschichte wiederholt sich doch. Zumindest auf den Inseln Ozeaniens, die mit 24 000 Quadratkilometern zusammen nur wenig mehr Fläche als Slowenien haben, sich aber über 50 Millionen Quadratkilometer stürmischen Pazifik – die elffache Fläche der gesamten Europäischen Union – verteilen. Sobald Menschen eine dieser Inseln erreichten, verschwanden dort Arten.

Nur auf den Felsvorsprüngen in der ewigen Dunkelheit abgelegener Höhlen auf der Südseeinsel Atiu baut der **Kopeka** sein Nest.

Kopeka

In den ersten drei Lebensjahren hat der **Kakerori** ein goldgelbes Gefieder. Ältere Vögel tragen dagegen ein graues Federkleid.

🦤 **Gefährdet** Die Urlauberzentren der Cookinseln liegen woanders. Auf die kleine Insel Atiu mit ihren gerade einmal 500 Einwohnern verschlägt es nur wenige Touristen. Die aber kämpfen sich fast immer durch den tropischen Regenwald zur Anatakitaki-Höhle durch, die in einem versteinerten Korallenriff entstanden ist. Dort nämlich brütet der Kopeka *(Aerodramus sawtelli)*. Der auch als Atiusalangane bekannte Vogel, der nie außerhalb der Höhle landet, ähnelt dem Mauersegler Mitteleuropas. In der Höhle ist es aber so finster, dass Menschen sich nur mithilfe einer Taschenlampe und Kopekas nur mit einer Echoortung zurechtfinden können: Ähnlich wie Fledermäuse fliegen die Vögel flott durch die Dunkelheit und stoßen dabei Klicklaute aus. Die Echos der Klicks zeigen ihnen, wo sich Tropfsteine und andere Hindernisse befinden, die es zu umfliegen gilt.

Genau wie diese Echoortung bei Vögeln einzigartig ist, gibt es auch den Kopeka nirgendwo sonst auf der Welt. Felsvorsprünge in drei Höhlen auf Atiu sind die einzigen Brutplätze für diese Art, von der wohl noch 400 bis 500 Tiere leben.

Kakerori

🦜 **Stark gefährdet** Der Kakerori *(Pomarea dimidiata)* oder Rarotonga-Fliegenschnäpper ist dem Aussterben gerade noch einmal vom Schäufelchen geflattert. 1989 gab es von dieser Art keine 30 Vögel mehr. Damit aber gehörte der Kakerori nicht nur zu den zehn seltensten Vogelarten der Welt, sondern war unmittelbar vom Aussterben bedroht.

Die Art lebte schon immer nur auf Rarotonga, der Hauptinsel der heute selbstständigen Cookinseln in der Südsee. Während der kleine Vogel Mitte des 19. Jahrhunderts aber noch überall durchs Geäst hüpfte, galt er am Anfang des 20. Jahrhunderts bereits als ausgestorben. Erst 1973 wurde er in den unzugänglichen Tropenwäldern der Täler und Berge im Südosten Rarotongas wiederentdeckt.

Wie sollte der seltene Zwitscherer aber geschützt werden, wenn die Gesetze der Cookinseln nicht einmal ein staatliches Schutzgebiet erlauben? Der wiederauferstandene Vogel lebte ausschließlich auf dem Land, das der Familie von Ian Karika seit der Zeit gehört, als die ersten Polynesier um das Jahr 800 die Inseln erreichten. Auf den Cookinseln aber darf Land weder verkauft noch verschenkt werden, auch

Im dichten Bergregenwald der Hauptinsel Rarotonga im Cookarchipel späht dieser junge **Kakerori** auf den Waldboden.

nicht an den Staat. Allein auf dem Land einer einzigen Familie aber konnten die Kakeroris auch nicht überleben.

Nötig war vielmehr ein Schutzgebiet, zu dem Land von drei verschiedenen Familien gehörte. 1996 hatten sich diese Clans endlich geeinigt, ein solches Privatreservat zu schaffen und gemeinsam zu verwalten. Wissenschaftliche Untersuchungen fanden dann die Ursache für das Aussterben des gerade einmal 22 Gramm schweren Vogels: Rarotonga-Fliegenschnäpper bauen jedes Jahr im Oktober ihre Nester meist in Pua-Bäumen, die bald reife Früchte haben. Diese aber locken Ratten an, die Vogeleier als Vorspeise durchaus schätzen. Seit 1989 bauen Naturschützer daher im Takitumu-Reservat auf einer Fläche von rund 150 Hektar während der Kakerori-Brutzeit 500 Fallen auf, die mit vergifteten Ködern Ratten anlocken. An Pua-Bäumen mit Nestern verhindern außerdem Manschetten an den Stämmen, dass Ratten hochklettern. Der Erfolg kann sich sehen lassen: 2008 gab es wie-

der rund 260 Kakeroris auf Rarotonga, ein paar brüten auch schon außerhalb des Takitumu-Reservats.

2001 bis 2003 brachten die Naturschützer obendrein insgesamt 30 junge Kakeroris auf die 187 Kilometer nordöstlich von Rarotonga liegende Insel Atiu. Dort hatte es diese Art zwar nie gegeben, die Vögel fühlen sich aber trotzdem wohl. 2008 lebten auf Atiu neben 500 Menschen jedenfalls 48 Kakeroris. Sollte eine Naturkatastrophe wie heftige Wirbelstürme oder ein Vulkanausbruch die Art auf Rarotonga auslöschen, könnte sie nun immerhin auf Atiu überleben.

Kleidervögel

🦎 **Stark gefährdet bis ausgestorben** Besonders dramatisch verlief das Artensterben für die Kleidervögel auf Hawaii, die bei den Vögeln die Unterfamilie Drepanidinae bilden. Seit zwischen dem 2. und dem 8. Jahrhundert nach christlicher Zeitrechnung die ersten Menschen diese große Inselgruppe erreichten, sind von den 34 meist recht bunten Arten bereits 13 ausgestorben, elf weitere sind unmittelbar vom Aussterben bedroht. Die Gründe sind rasch aufgezählt: Die Menschen roden zunehmend die Wälder, in denen viele Kleidervögel leben. Ratten und andere eingeschleppten Säugetiere fressen die Eier. Und die letzten Überlebenden werden dann auch noch von eingeschleppten Krankheiten wie Vogelmalaria und Vogelpocken dahingerafft.

Der **Königskleidervogel** auf Hawaii wurde wegen seiner gelben Federn gejagt. Am Ende des 19. Jahrhunderts starb er aus.

Palmendieb

🦞 **Daten ungenügend** Im Vergleich zu anderen Krebsen scheint der Palmendieb (*Birgus latro*) reichlich groß geraten. Sein Körper bringt es auf 40 Zentimeter Länge und fünf Kilogramm Gewicht und zwischen seinen ausgestreckten Beinen haben Wissenschaftler schon Spannweiten von bis zu einem Meter gemessen. Palmendiebe gelten als größte Krebse, die je das Land erobert haben. Mit ihren kräftigen Scheren können sie sogar Kokosnüsse knacken und knapp 30 Kilogramm schwere Felsbrocken in die Höhe stemmen. Und doch lassen sie sich von deutlich kleineren und schwächeren Tieren in Schwierig-

Die Suche nach Kokosnüssen bringt die riesigen **Palmendiebe** schon einmal auf die Palme.

keiten bringen. Heerscharen von Ratten bedrohen ihr Überleben, warnt die Welternährungsorganisation FAO.

Noch krabbeln die blau oder orangerot gefärbten Krebse über die Strände der Weihnachtsinseln, der Cookinseln und verschiedener anderer Archipele im westlichen Pazifik und im östlichen Indischen Ozean. Seit Jahrtausenden führen sie dort jedes Jahr das gleiche Schauspiel auf. Zwischen Mai und September liefern sie sich bizarre Ringkämpfe, in deren Verlauf das Männchen das Weibchen schließlich auf den Rücken dreht. Das ist der Startschuss für die Paarung, die etwa eine Viertelstunde dauert. Danach klebt sich das Weibchen die befruchteten Eier an den Unterleib. Einige Monate trägt es den Nachwuchs mit sich herum, bis die Larven kurz vor dem Schlüpfen stehen. Dann wirft die Mutter sie ins Meer.

Einen Monat lang treiben die jungen Palmendiebe frei im Wasser. Einen weiteren verbringen sie am Meeresboden, wo sie in leeren Schneckenhäusern Schutz vor gefräßigen Feinden suchen. Nach jedem Wachstumsschub müssen sie sich ein etwas größeres Domizil suchen, doch aufgeben werden sie diese Art von Festung vorerst nicht: Sogar wenn der

Krebsnachwuchs mit etwa drei Monaten das nasse Element verlässt und sein Leben an Land beginnt, schleppt er seine Wohnung mit. Erst mit zwei oder drei Jahren verzichtet er schließlich auf sein Schneckenhaus, weil kein genügend großes Modell mehr zur Verfügung steht. Dann bilden die Tiere einen eigenen Schutzpanzer für ihren empfindlichen Hinterleib und beginnen ihr Erwachsenenleben.

Auf ihrem Speisezettel stehen verschiedene Früchte, ihren Namen verdanken die Palmendiebe allerdings ihrer Vorliebe für Kokosnüsse. Meist fressen sie die heruntergefallenen Exemplare, manchmal aber klettern sie auch auf die Palmen, um die Leckerbissen zu ernten. Allerdings gibt es einen Konkurrenten: Auf der Inselgruppe Tuvalu, die nördlich von Neuseeland liegt, haben sich vom Menschen eingeschleppte Ratten zu einer regelrechten Plage entwickelt und fressen nach Angaben der FAO mitunter mehr als 60 Prozent der jungen Kokosnüsse. Gegen die agilen Nagetiere, die aus dem Stand ohne Probleme einen Meter hoch springen und sich mit geschickten Sätzen von Baumkrone zu Baumkrone katapultieren, haben die gemächlichen Krebse oft das Nachsehen.

Polargebiete

Peary-Karibu | *264*

Eskimo-Brachvogel | *265*

Eisbär | *260*

Walross | *261*

Klappmütze | *263*

Riesenalk | *264*

Extreme Welten

Die Regionen rund um die Pole gehören zu den ungewöhnlichsten Lebensräumen der Erde. Im hohen Norden und im tiefen Süden liefert die Bahn der Sonne über den Himmel die Grundlage für extrem niedrige Temperaturen. Im Winter klettert die wärmende Sonne oft viele Tage und an den Polen selbst beinahe ein halbes Jahr lang gar nicht über den Horizont. Aber selbst am Polartag liefert das flach am Himmel stehende Zentralgestirn viel weniger Energie als in mittleren Breiten oder gar in den Tropen. Die Temperaturen bleiben daher niedrig und die Polargebiete entwickelten sich im Lauf der vergangenen Jahrmillionen zu einer Welt des Eises.

Viele **Graukopfalbatrosse** fliegen zum Brüten zur stark vergletscherten Insel South Georgia, die im Südatlantik östlich von Feuerland liegt.

Der lange Arm der Zivilisation

Noch am Anfang des 21. Jahrhunderts leben daher nur sehr wenige Menschen in den Polargebieten. Aber manchmal genügen schon einige Menschen, um empfindliche Arten in Schwierigkeiten zu bringen. Und dann reicht auch noch der lange Arm der modernen Zivilisation von den wärmeren Regionen bis zu den Eiskappen im Norden und Süden. Auch in diesen menschenleeren Gebieten sind daher Arten bedroht.

Das **Walross** war im 20. Jahrhundert fast ausgestorben, bis zum 21. Jahrhundert hat die Art sich wieder erholt. «

 Säugetiere

 Vögel

Schwarzbrauenalbatros | *268*

Goldschopfpinguin | *267*

Graukopfalbatros | *269*

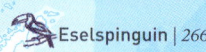 Eselspinguin | *266*

500 km
www.kartographie.de

258

Polargebiete

ARKTISCHER
OZEAN

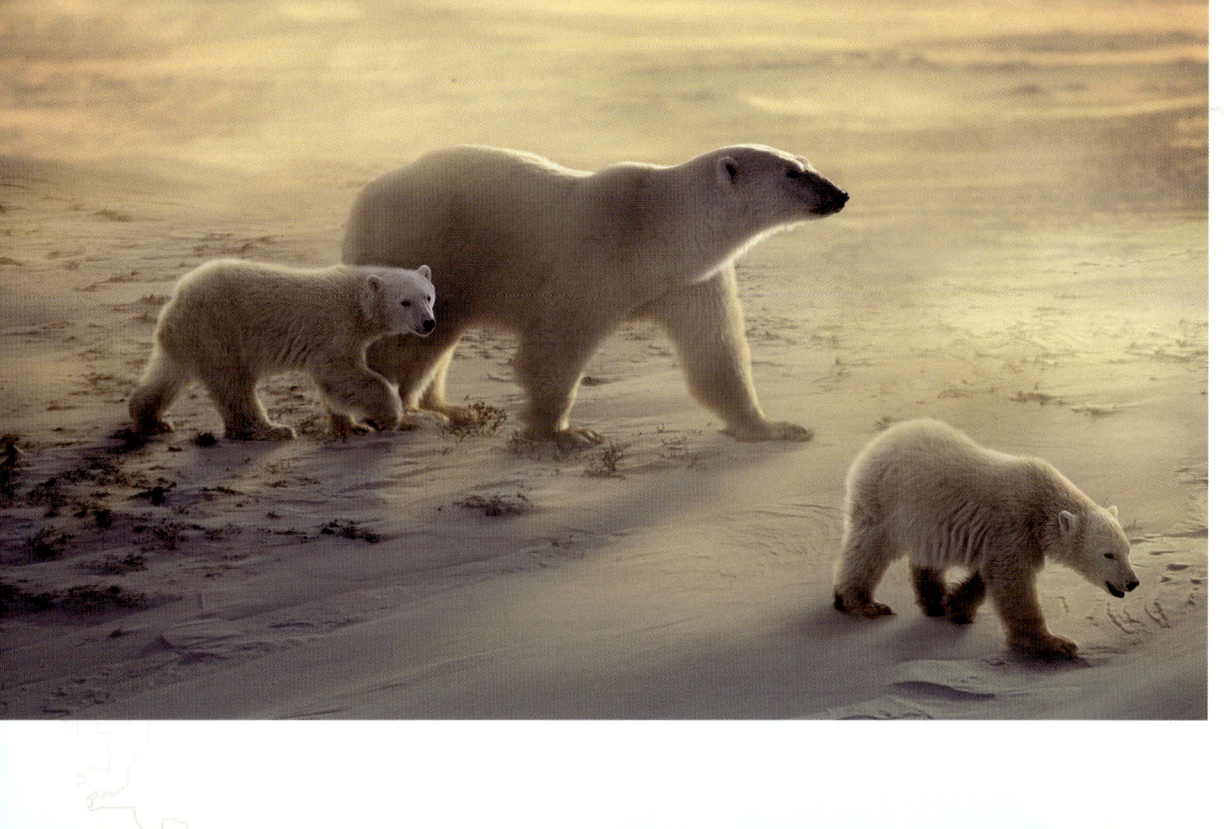

Weil der Klimawandel Schnee und Eis in der Arktis langsam schmelzen lässt, verlieren die **Eisbären** ihr Zuhause.

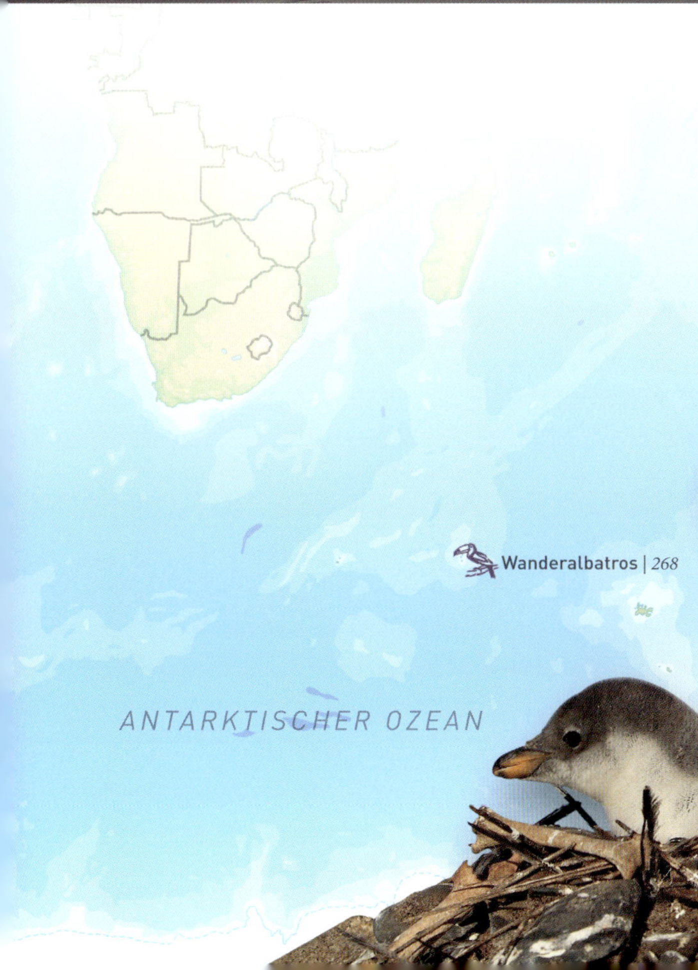
Wanderalbatros | 268
ANTARKTISCHER OZEAN

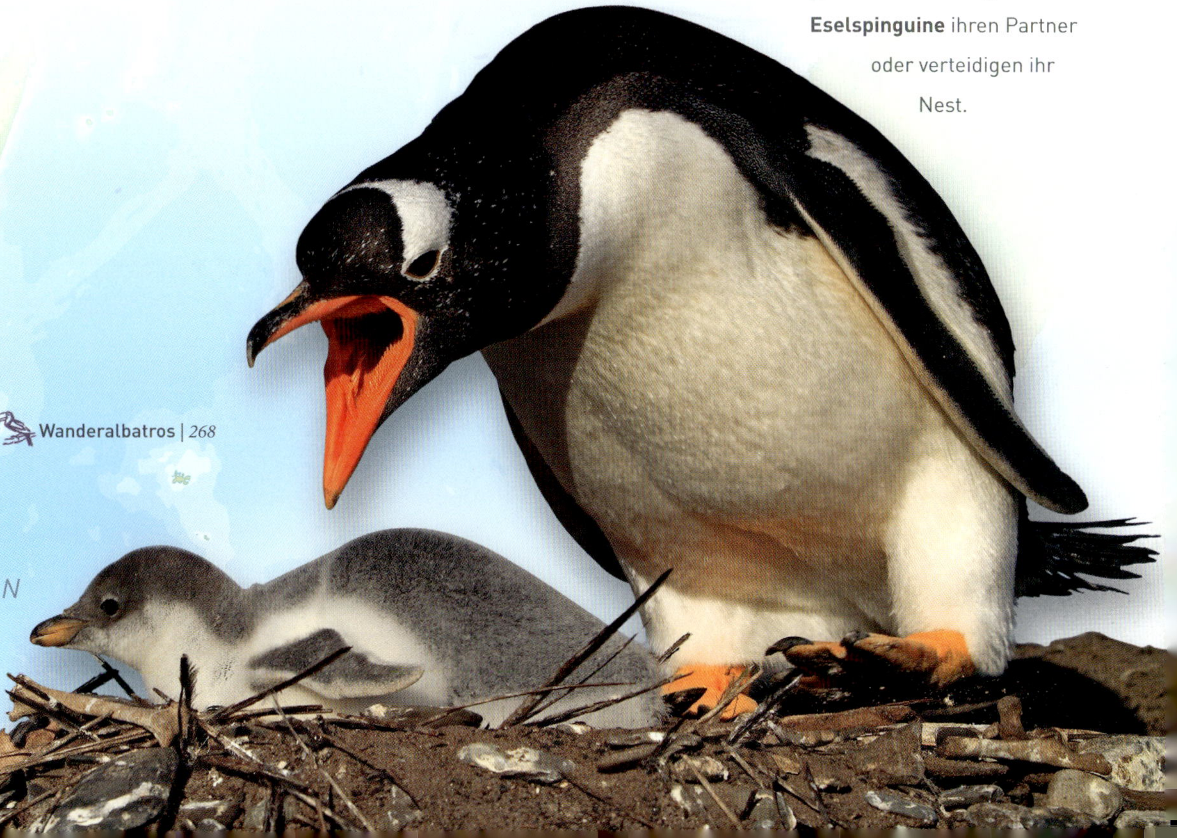

Mit lauten Rufen begrüßen **Eselspinguine** ihren Partner oder verteidigen ihr Nest.

Arktis

Da es rings um den Nordpol kaum Land gibt, gehört diese Region in den Augen der Menschen zu den ungewöhnlichsten Lebensräumen der Erde: Das Nordpolarmeer ist zwar ein Ozean, der aber so häufig und großräumig von Eis bedeckt ist, dass man sich mit Schlitten und Skiern bis zum Nordpol durchschlagen kann.

Scheint die Frühlingssonne wieder über der Arktis, kommen **Eisbärenmütter** mit den im Winter geborenen Jungen aus ihrer Schneehöhle.

Eisbär

Gefährdet Folgerichtig lautet die Übersetzung des wissenschaftlichen Namens des Eisbären (*Ursus maritimus*) dann auch „Meerbär". Wenn um die Weihnachtszeit in dunklen Schneehöhlen der Arktis die kleinen Eisbären zur Welt kommen, ahnen die Tiere wohl kaum, dass sie in ihrem Leben oft hungern werden. Denn erst einmal päppelt ihre Mutter die kaum rattengroßen Winzlinge mit ihrer kräftigen Milch zu zehn Kilogramm wiegenden Wonneproppen, die Ende März zum ersten Mal in das grelle Licht des hohen Nordens tappen. Dort aber schmilzt der Klimawandel den weißen Bären das für sie lebenswichtige Eis unter den Tatzen weg.

Naturwissenschaftler wissen längst, dass der Klimawandel vor allem die Arktis betrifft. Stiegen die Durchschnittstemperaturen auf dem Globus im 20. Jahrhundert um 0,8 Grad Celsius, so waren es in der Arktis satte fünf Grad mehr. Dieser Wärmeschub aber verändert den hohen Norden gravierend. Das Frühjahr kommt in Kanada und Alaska früher, der Herbst beginnt später. Und das Eis auf dem Nordpolarmeer bedeckt laut Statistik immer weniger Fläche.

Genau dieser Schwund des Eises aber trifft den Lebensnerv der Eisbären. Stundenlang liegen die Tiere vor Löchern im Packeis und halten sich oft die Tatze vor ihre schwarze Nase, die sonst aus dem Weiß der Arktis kräftig herausstechen würde. Taucht eine Robbe in ihrem Luftloch auf, könnte sie den Bären ohne diesen Trick leichter entdecken. Aber auch mit verdeckter Nase tut der Bär sich schwer: Lauert er zehnmal am Eisloch auf Robben, zieht er neunmal mit leerem Magen wieder ab, weil ihm seine Beute doch noch entwischt ist. Zweieinhalb Jahre lernen die kleinen Eisbären daher von ihrer Mutter die schwierige Jagd auf Robben, bis sie zum ersten Mal allein auf Beutefang gehen.

Schmilzt das Packeis, drängen sich die Eisbären auf immer kleinerer Fläche und die Chancen sinken, ihre wichtigste Nahrung zu erwischen. Obendrein lässt der Klimawandel im Frühjahr inzwischen statt Schnee immer öfter Regen fallen, der die Schneehöhlen schmilzt, in die sich Ringelrobben mit ihren Jungen zurückziehen. Dadurch sinkt die Zahl dieser Meeressäuger und die vielleicht noch 20 000 Eisbären auf dem Globus müssen noch häufiger mit knurrenden Mägen ausharren.

Und wenn der Klimawandel bis zum Jahr 2040 oder 2050 das Nordpolarmeer im Sommer immer wieder einmal weitgehend eisfrei macht, sieht es ganz schlecht für Eisbären aus. Mit ihren großen Tatzen sind sie zwar hervorragende Schwimmer, haben im Wasser aber nicht die geringste Chance, eine Robbe zu erbeuten. Ohne Eis müssen die Eisbären daher verhungern.

Walross

Daten ungenügend Mit einem Gewicht von mehr als einer Tonne und weit aus dem Maul ragenden, mächtigen Eckzähnen im Oberkiefer sieht ein Walross (*Odobenus rosmarus*) recht martialisch aus. Und tatsächlich sind diese Meeressäuger gefährliche Raubtiere – aber nur für Muscheln und Schnecken, die sie zwischen den Lippen oder Vorderflossen knacken. Auch Krebstiere, Tintenfische und Würmer holen sich die massigen Tiere mit einer speziellen Technik aus dem Meeresgrund: Mit den Flossen, der Schnauze oder einem selbst erzeugten Wasserstrahl wühlen sie den Boden auf und wirbeln damit gleichzeitig ihre Beute aus der Tarnung.

Mit seinen mächtigen Eckzähnen kann ein **Walross** auch Atemlöcher in das Eis des Nordpolarmeers brechen.

Im Norden von Spitzbergen döst eine Gruppe von **Walrossen**
auf einem Kiesstrand.

Ihre mächtigen Eckzähne benötigen Walrosse dagegen vor allem, um Artgenossen zu imponieren, damit ein Atemloch ins Eis zu brechen, den massigen Körper aus dem Wasser zu hieven oder einfach nur um den Kopf abzustützen. Das Allzweckwerkzeug war aber bis in die Mitte des 20. Jahrhunderts als Elfenbein bei Jägern so beliebt, dass die Art unmittelbar vor dem Aussterben stand. Am Anfang des 21. Jahrhunderts hatten sich die Zahlen wieder deutlich erholt, einzelne Populationen aber scheinen noch gefährdet zu sein.

Klappmütze

Gefährdet Die Männchen der Klappmütze (*Cystophora cristata*) scheinen wirklich eine Kappe zu tragen. Erst ein genauer Blick auf den Kopf der Robbe zeigt, dass diese Mütze eine Wucherung aus der Nase ist. Die kann zu einem roten Ballon aufgeblasen werden, mit dem sich Nebenbuhler durchaus beeindrucken lassen. Menschliche Jäger aber lassen sich damit kaum vertreiben, und so wurden die bis zu 300 Kilogramm schweren Robben massenhaft gejagt. Begehrt war bis in die 1930er-Jahre das Fett der ausgewachsenen Tiere, das ausgekocht als flüssiger Brennstoff zum Beispiel als Lampenöl verwendet wurde. Später wurde vor allem das bläuliche Fell der Jungtiere verkauft, dessen Import die Staaten Europas erst in den 1980er-Jahren verboten. Als sich die Jagd in der zweiten Hälfte des 20. Jahrhunderts nicht mehr rentierte, wurde sie eingeschränkt. Zwischen der kanadischen Eismeerküste und Grönland haben sich die Bestände seither wieder erholt, weiter im Osten dagegen sinkt die Zahl der Klappmützen weiter.

Die **„Klappmütze"** auf ihrem Kopf kann die gleichnamige Robbe zu einem roten Ballon aufblasen, der Nebenbuhler beeindrucken soll. »

Das **Peary-Karibu** lebt auf den eisigen Inseln im hohen Norden der kanadischen Arktis.

Peary-Karibu

🐾 Stark gefährdet Das Peary-Karibu (*Rangifer tarandus pearyi*) könnte eines der ersten Opfer des Klimawandels werden: 1961 weideten noch 40 000 dieser Rentiere mit ihrem fast weißen Fell im hohen Norden der kanadischen Arktis, 2009 zählten Naturschützer nur noch 700 Peary-Karibus. In dieser Zeit registrierten Klimaforscher eine deutliche Zunahme der Tage mit Temperaturen über dem Gefrierpunkt. Zwischen Herbst und Frühling taut an solchen Tagen die Schneedecke an und friert dann in der folgenden Nacht oder beim nächsten Temperatursturz zu hartem Eis. Tritt solches Tauwetter in der kalten Jahreszeit mehrmals auf, gibt es in der Schneedecke schließlich einige solcher Eisschichten. Da kommt dann auch der schärfste Karibu-Huf nicht mehr durch, die Rentiere erreichen das Gras und die Pilze unter der Schneedecke nicht mehr und verhungern.

Riesenalk

🐦 Ausgestorben Der Riesenalk (*Alca impennis*) war zwar ein Verwandter der Trottellummen und Tordalke. Trotzdem erinnerten die bis zu 85 Zentimeter großen Vögel ein bisschen an Königspinguine. Mit ihrem dichten Gefieder und

Vom ausgestorbenen **Riesenalk** gibt es nur noch wenige Museumspräparate wie dieses in Chicago.

den weit hinten am Körper sitzenden Füßen waren sie ausgezeichnete Schwimmer und Taucher. An Land watschelten Riesenalke dagegen unbeholfen umher, und fliegen konnten diese Vögel schon lange nicht mehr. Deshalb waren sie schon in der Steinzeit leichte Beute für die damaligen Jäger. Bis zum 19. Jahrhundert wurden Riesenalke gejagt und die einst riesigen Brutkolonien schrumpften dadurch zunehmend. Die letzten Bälge der Vögel wanderten schließlich als Rarität in

die Museen der Welt. Es war vermutlich 1844, als das letzte Brutpaar der Art von isländischen Jägern getötet wurde – der Riesenalk war ausgestorben.

Eskimo-Brachvogel

🦅 **Vom Aussterben bedroht** Ohne den Eskimo-Brachvogel (*Numenius borealis*) hätte Kolumbus wohl nie Amerika entdeckt. Denn es waren wohl diese Vögel, die in Millionenstärke zwischen ihren Brutgebieten in der Tundra im Nordwesten Kanadas und den Überwinterungsgebieten in der argentinischen Pampa pendelten, die der Entdeckungsreisende nach 65 Tagen auf hoher See im Oktober 1492 am Himmel sah. Irgendwo musste also Land in der Nähe sein, Brachvögel wagen sich ja selten weit aufs Meer hinaus. Heute hätte der Seefahrer mit dieser Methode kaum noch Chancen, denn der Eskimo-Brachvogel ist vermutlich ausgestorben. Ende des 19. Jahrhunderts wurden allein in den USA jährlich bis zu zwei Millionen dieser Vögel erlegt. Als 1916 die Jagd verboten wurde, waren ihre Rastplätze in den Prärien der USA weitgehend in Äcker umgewandelt, und mit der ohnehin kleinen Population ging es weiter bergab. 1981 wurde noch einmal ein Schwarm von 23 Vögeln in Texas gesichtet, möglicherweise tauchte 2006 noch ein einzelner Vogel im kanadischen Nova Scotia auf. Der Eskimo-Brachvogel ist also entweder dem Aussterben nahe oder bereits ausgestorben.

Jäger haben den **Eskimo-Brachvogel** entweder bereits ausgerottet oder die Art steht unmittelbar vor dem Erlöschen.

Antarktische Inseln und Küsten

Die Eiswelten im tiefen Süden des Planeten bestehen aus der eigentlichen Antarktis und der Subantarktis. Letztere umfasst die Region zwischen dem südlichen Polarkreis und der sogenannten Antarktischen Konvergenz, an der kaltes Wasser aus der Antarktis auf wärmeres aus dem Norden trifft. Vor allem die subantarktischen Inseln sind für ihre zahlreichen Vögel und Meeressäuger bekannt.

Goldschopfpinguine
sind stämmige
Vögel, die mit rund
70 Zentimetern
Körpergröße die
größten Vertreter
der Schopfpinguine
stellen. »

Eselspinguine haben einen Hang zur Geselligkeit. Sie brüten in großen Kolonien auf Felsen oder an anderen eisfreien Stellen ihres Lebensraums.

Eselspinguin

Vorwarnliste Auf den ersten Blick scheint es, als müsse man sich um den Eselspinguin *(Pygoscelis papua)* keine Sorgen machen. In den Brutkolonien der bis zu 80 Zentimeter großen Vögel mit dem grauweißen Gefieder und dem orangefarbenen Schnabel geht es zu wie in einer sehr lebendigen Großstadt. Allein auf der antarktischen Insel Cuverville Island ziehen rund 4800 Paare in aus Steinchen gebauten Nestern ihre Jungen groß. Da herrscht ein ständiges Kommen und Gehen, Pinguine watscheln zum Jagdausflug Richtung Meer, kehren mit vollem Magen zurück und stehlen unterwegs schon mal dem Nachbarn ein paar Steine vom Nest. In der Luft liegt ständig das laute, an Esel erinnernde Geschrei, dem die Tiere ihren Namen verdanken.

Ähnlich sieht es auch in den anderen Hochburgen der Eselspinguine auf South Georgia, verschiedenen anderen Inseln und der Antarktischen Halbinsel aus. Schätzungen aus den 1990er-Jahren gehen davon aus, dass es insgesamt rund 314 000 Brutpaare der lautstarken Vögel gibt. Dennoch hat die IUCN die Art auf

die Vorwarnliste gesetzt. Denn während einige Bestände zum Beispiel auf der Antarktischen Halbinsel zunehmen, schrumpfen die Kolonien in anderen Regionen stark. Welche Rolle dabei Meeresverschmutzung, Fischerei und Störungen durch den Menschen spielen, ist noch nicht klar.

Goldschopfpinguine gelten als relativ treu. Auf South Georgia bleiben immerhin drei Viertel der Brutpaare auch im nächsten Jahr zusammen.

Goldschopfpinguin

🐦 **Gefährdet** Auch manche Bestände des Goldschopfpinguins *(Eudyptes chrysolophus)* schrumpfen rasant. So brüteten auf South Georgia noch in den 1970er-Jahren 2,5 Millionen Paare der Vögel mit der bizarren gelben Frisur. Zu Beginn des 21. Jahrhunderts waren es weniger als eine Million. Auch wenn es noch mehr als 200 weitere große Kolonien auf Falkland und verschiedenen anderen Inseln sowie im Süden Chiles gibt, hält die IUCN die Art daher für gefährdet.

267

Wanderalbatros

🐦 **Gefährdet** Die Evolution hat nur wenige so beeindruckende Vögel hervorgebracht wie den Wanderalbatros *(Diomedea exulans)*. Die eleganten Flieger messen zwischen ihren Flügelspitzen mitunter bis zu dreieinhalb Meter und haben damit die größte Spannweite aller Vögel. Doch die Rekordhalter sind bedroht. Knapp 28 000 erwachsene Tiere soll es zu Beginn des 21. Jahrhunderts noch geben. Damit hat sich der Bestand innerhalb von wenigen Jahrzehnten halbiert.

Schuld am Albatros-Schwund ist wohl die Langleinenfischerei, unter der vor allem die Weibchen der majestätischen Vögel zu leiden haben. Denn während die Männchen eher in antarktischen Gewässern bleiben, fliegen die Weibchen auf der Suche nach Nahrung deutlich weiter nach Norden. In diesen Regionen aber operieren besonders viele Schiffe, aus denen sich mehr als 100 Kilometer lange Leinen mit Tausenden von Haken ins Meer spulen. Daran hängen Fisch- oder Tintenfischstücke, die eigentlich als Köder für Schwarze Seehechte, Thunfische oder Schwertfische gedacht sind. Oft aber schnappen auch Albatrosse nach dieser scheinbar leichten Beute. Wenn sich dabei der Haken durch ihren Schnabel oder Schlund bohrt, werden die Vögel mit der Leine unter Wasser

gezogen und ertrinken. Je mehr Weibchen aber auf diese Weise getötet werden, umso weniger Nachwuchs schlüpft in den Brutkolonien. Zumal Albatrosse sehr enge Paarbeziehungen pflegen und sich oft erst Jahre nach dem Tod eines Partners für einen neuen entscheiden.

Viele Wissenschaftler und Naturschützer plädieren deshalb für eine vogelfreundlichere Fischerei. Wenn man die Leinen beispielsweise nachts auswirft, sind die tagaktiven Albatrosse nicht in Gefahr. Eine weitere Möglichkeit besteht darin, Gewichte an die Leinen zu hängen, sodass sie schneller sinken und die Vögel weniger Zeit zum Zuschnappen haben. Man kann die Köder auch gleich unter Wasser ausbringen oder die Leinen mit farbigen Plastikbändern bestücken, die viele der geflügelten Interessenten verscheuchen. Durch solche einfachen Maßnahmen ließe sich die Zahl der getöteten Seevögel nach Ansicht von Ornithologen massiv verringern.

Schwarzbrauenalbatros

🐦 **Stark gefährdet** Der Albatros-Schwund erfasst auch andere Arten. Zwar sollen noch mehr als eine halbe Million Paare von Schwarzbrauenalbatrossen *(Thalassarche melanophrys)* auf South Georgia, den Falklands und verschiedenen anderen

Graukopfalbatros

Gefährdet Graukopfalbatrosse (*Thalassarche chrysostoma*) gehören zu den mobilsten Mitgliedern ihrer ohnehin reisefreudigen Verwandtschaft. Auf South Georgia haben britische Wissenschaftler etliche der etwa 80 Zentimeter großen Vögel mit kleinen Messgeräten ausgerüstet, die automatisch die Lichtverhältnisse in den durchflogenen Regionen aufzeichnen. Aus diesen Werten lässt sich berechnen, wann sich die Tiere auf welchem Längen- und Breitengrad aufgehalten haben. Demnach legen manche der geflügelten Fernreisenden an nur einem Tag 950 Kilometer zurück. Das schnellste untersuchte Tier benötigte gerade einmal 46 Tage, um die Erde zu umrunden. Da unterwegs aber Langleinen und andere Gefahren lauern, gehen auch die Bestände dieser Art massiv zurück.

Inseln brüten. Doch die Bestände schrumpfen zum Teil rapide. So hat die größte Brutkolonie der Welt, die auf Steeple Jason Island im Falklandarchipel liegt, zu Anfang des 21. Jahrhunderts in nur drei Jahren 44 000 Brutpaare verloren.

Die Balz der gefährdeten **Wanderalbatrosse** ist ein beeindruckendes Schauspiel, bei dem die riesigen Vögel immer wieder die Flügel vor ihrem Partner ausbreiten. «

Graukopfalbatrosse verbringen einen großen Teil ihres Lebens über dem offenen Meer. Zum Brüten kommen sie aber wie alle ihre Verwandten an Land.

Weltmeere

Beluga | *274*

Narwal | *275*

ARKTISCHE OZEAN

PAZIFISCHER OZEAN

Granatbarsch | *295*

Kabeljau | *280*

Riesenhai | *278*

Dornhai | *280*

Seepferdchen | *289*

Pottwal | *298*

Schwarze Abalone | *293*

Unechte Karettschildkröte | *284*

Echte Karettschildkröte | *284*

Elchgeweih-koralle | *294*

Großer Hammerhai | *288*

ATLANTISCHER OZEAN

Nassau-Zackenbarsch | *291*

Grauwale leben heute nur noch im Pazifik, im Atlantik wurden sie schon vor Jahrhunderten ausgerottet.

Lederschildkröte | *284*

Suppenschildkröte | *283*

Blauwal | *296*

Schwarzer Seehecht | *295*

ANTARKTISCHER OZEAN

Rätsel in der Tiefe

Die Ozeane sind nicht nur der größte, sondern auch der geheimnisvollste Lebensraum der Erde. Wissenschaftler können bisher nur ahnen, welche Vielfalt an faszinierenden Lebewesen sich unter der Wasseroberfläche verbirgt. Auf jeden bekannten Meeresbewohner kommen Tausende von Arten, von deren Existenz noch niemand Notiz genommen hat. Und selbst im Alltag von so prominenten Tieren wie Walen oder Haien gibt es noch viel Neues zu entdecken.

Weltmeere

Die Bestände des **Weißen Hais** sind vielerorts stark geschrumpft, weil zu viele der großen Meeresräuber gefangen wurden.

Stellersche Seekuh | 277

Westpazifischer Grauwal | 276

Suppenschildkröten sind in den warmen Meeren der Tropen und Subtropen zu Hause.

Edelkoralle | 294

Meeresteufel | 288

Große Riesenmuschel | 293

Manado-Quastenflosser | 290

PAZIFISCHER OZEAN

Dugong | 282

Napoleon-Lippfisch | 291

Komoren-Quastenflosser | 290

INDISCHER OZEAN

Thunfische | 292

Meeressäuger

Reptilien

Walhai | 285

Fische

Weichtiere

N

500 km
www.kartographie.de

Korallen

Weißer Hai | 300

Hector-Delfin | 278

Ende in den Maschen

Die Wissenslücken haben die Menschheit allerdings nicht daran gehindert, die Weltmeere massiv zu verändern. Öl, Schadstoffe und Dünger belasten das Wasser, Fangflotten haben die Wale lange Zeit an den Rand der Ausrottung gebracht und plündern bis heute die Fisch-

bestände. Und ein großer Teil des übrigen Meereslebens verendet unbeabsichtigt in den Netzen. Mit der Zerstörung der maritimen Ökosysteme aber schadet der Mensch sich selbst: Der Zusammenbruch von Fischbeständen verursacht gewaltige wirtschaftliche Schäden.

Polarmeere

Ein Ensemble aus kahlen Küsten, kaltem Wasser und Eis – auf den ersten Blick wirken die Gewässer der Polargebiete nicht sonderlich einladend. Da diese Meere aber reichlich Nahrung bieten, haben sich viele Tiere dennoch an die frostigen Temperaturen angepasst.

Erst etwa ab dem fünften Lebensjahr nimmt die Haut der **Belugas** die typische helle Farbe an, der sie den Namen „Weißwale" verdanken.

Beluga

🐬 **Vorwarnliste** Die Seefahrer, die in früheren Jahrhunderten in der Arktis unterwegs waren, hörten immer wieder erstaunliche Geräusche durch die Wände ihrer Schiffe dringen. Da zwitscherte und pfiff es, als ob sich ein Vogelschwarm unter Wasser verirrt hätte. In Wirklichkeit steckten hinter den Darbietungen jedoch die auch als Weißwale bekannten Belugas (*Delphinapterus leucas*). Ihre Sangesfreude hat den bizarren Meeressäugern mit der weißen Haut und dem auffällig kleinen Kopf den Spitznamen „Kanarienvögel der Meere" eingetragen.

Zu hören ist das Gezwitscher vor allem in den polaren Gewässern vor Nordamerika, Russland, Grönland und Spitzbergen. Mit den Tücken dieses Lebensraums kommen Belugas problemlos zurecht, eine bis zu 15 Zentimeter dicke Speckschicht verhindert ein Auskühlen im eisigen Wasser. Wegen dieses sogenannten Blubbers haben die Völker der Arktis die Tiere seit jeher gejagt. Erst der im großen Stil betriebene Walfang aber hat die Art in Schwierigkeiten gebracht. In einigen Regionen wie Kanada und Grönland ist die Jagd nach Einschätzung der IUCN bis heute ein wichtiger Gefährdungsfaktor. Anderenorts kämpft die Art dafür mit neuen Problemen wie Schadstoffbelastungen oder dem zunehmenden Schiffsverkehr.

Narwal

⊂ **Vorwarnliste** Um den Narwal *(Monodon monoceros)* ranken sich seit ewigen Zeiten allerlei Legenden. Vor allem die bis zu drei Meter langen, schraubig gedrehten Stoßzähne der

Männchen haben die Fantasie vieler Menschen inspiriert. In Europa galten die bis zu zehn Kilogramm schweren Prunkstücke seit dem Mittelalter als die Stirnwaffen des sagenhaften Einhorns, denen man sowohl magische Wirkungen als auch Heilkräfte zuschrieb. Ihr Gewicht wurde daher oft in Gold aufgewogen. Inzwischen wissen Biologen, dass die geheimnisvollen Gebilde nur vergrößerte Eckzähne sind, die den männlichen Walen vermutlich als eine Art Statussymbol dienen. Zusätzlich können die Tiere damit möglicherweise auch Informationen über Wassertemperatur, Druck und andere wichtige Umweltgrößen gewinnen.

Trotz ihrer imposanten Zähne wurden Narwale nie in so großem Stil gefangen wie andere Meeressäugerarten. Heute stellen ihnen Jäger nur noch in Kanada und Grönland nach und auch dort gelten Jagd- und Handelsbeschränkungen. Trotzdem befürchten Naturschützer, dass einige Bestände unter zu hohen Fangzahlen leiden könnten. Zudem könnten die Tiere durch Ölexploration und den zunehmenden Schiffsverkehr in ihren Lebensräumen gefährdet sein. Und was der Klimawandel für eine Art bedeutet, die sich meist in der Nähe des Packeises aufhält, kann derzeit noch niemand abschätzen.

Narwale werden vier bis fünf Meter lang. Dazu kommt bei den Männchen noch ein bis zu drei Meter langer Stoßzahn, der aus der Oberlippe ragt.

Männliche **Narwale** nutzen ihre Stoßzähne, um Konkurrenten zu beeindrucken. Die spitzen Waffen lassen sich aber auch im Kampf einsetzen.

Meere gemäßigter Zonen

Traditionell haben Fische und andere Bewohner der gemäßigten Meere die Essgewohnheiten vieler Völker geprägt. Doch eine zu starke Nutzung hat inzwischen viele, einst sehr häufige Arten so massiv dezimiert, dass sie bald für immer vom Speiseplan der Menschen verschwinden könnten.

Mithilfe der Barten in ihrem riesigen Maul sieben **Grauwale** ihre Nahrung aus dem Wasser. Auf dem Speiseplan stehen vor allem kleine Krebstiere. »

Auf der Haut von **Grauwalen** siedeln sich oft Seepocken und Entenmuscheln an. Die dunkelgrauen Tiere sehen daher aus, als hätten sie helle Flecken.

Westpazifischer Grauwal

Vom Aussterben bedroht Jeden Sommer bekommen die Gewässer vor der Insel Sachalin im äußersten Osten Sibiriens eindrucksvollen Besuch. Für die bis zu 14 Meter langen Grauwale *(Eschrichtius robustus)* ist das nährstoffreiche Meer dort eine Art Schlaraffenland, in dem sie sich Speck für den Winter anfressen. Genau dieses wichtige maritime Restaurant aber könnten die Tiere verlieren, befürchten Naturschützer.

Grauwale kamen ursprünglich sowohl im Atlantik als auch im Pazifik vor. Im Atlantik wurden sie jedoch schon im 17. Jahrhundert ausgerottet und auch im Pazifik dezimierten Walfänger die Bestände massiv. Heute gibt es dort noch zwei Bestände, die sich genetisch unterscheiden und vermutlich keinen Kontakt zuei-

nander haben: Die Ostpazifischen Grauwale, die vor den Küsten Mexikos, der USA, Kanadas und Russlands leben, haben sich von den Jagdexzessen recht gut erholt. Schätzungen gehen am Anfang des 21. Jahrhunderts von 15 000 bis 22 000 Tieren aus. Viel schlechter steht es dagegen um den Westpazifischen Grauwal, von dem nur noch 100 bis 150 Exemplare den Sommer vor Sachalin verbringen. Während die IUCN den Ostpazifischen Grauwal für nicht gefährdet hält, gilt der Westpazifische daher als vom Aussterben bedroht.

Dabei hätte vermutlich auch er durchaus eine Chance, sich wieder von der Jagd zu erholen, wenn seine Sommerweiden nicht ausgerechnet vor Sachalin lägen. Denn dort gibt es reichlich Erdöl und Gas, die für die russische Wirtschaft wichtig sind. Naturschützer befürchten, dass mit der Erkundung der Lagerstätten und dem Bau und Betrieb von Ölplattformen so starke Störungen verbunden sind, dass die Wale ihre Sommerweiden nicht mehr richtig nutzen können.

Stellersche Seekuh

Ausgestorben Im Jahr 1741 war der Däne Vitus Bering, der als Marineoffizier in der russischen Flotte diente, mit einem Expeditionsschiff auf der später nach ihm benannten Beringinsel gestrandet. Auf dieser unwirtlichen Insel, die östlich der Halbinsel Kamtschatka im äußersten Osten Sibiriens liegt, entdeckte der mitgereiste deutsche Naturkundler Georg Wilhelm Steller gewaltige Meeressäuger. Die Stellersche Seekuh (*Hydrodamalis gigas*) brachte es auf stolze acht Meter Länge und etliche Tonnen Gewicht. Das aber machte sie zu einer begehrten Beute für Jäger. Die Beringinsel wurde zu einem beliebten Zwischenstopp für russische Pelzjäger, die mit den leicht zu erlegenden Kolossen ihre Fleischvorräte aufstockten. Nicht einmal 30 Jahre nach ihrer Entdeckung war die Art ausgerottet.

Die bis zu acht Meter lange **Stellersche Seekuh** lebte einst an den Küsten des Nordpazifiks. Heute erinnern nur noch Knochen an diese ausgerottete Art.

277

Die grau gemuster-
ten **Hector-Delfine**
leben nur vor den
Küsten Neusee-
lands. Dort stellen
die kleinen Meeres-
säuger Fischen und
Tintenfischen nach.

Hector-Delfin

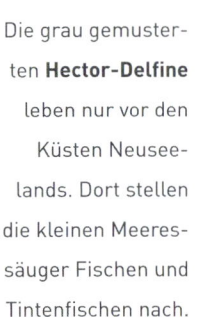 **Stark gefährdet** Wenn vor Neuseeland eine Art Micky-
Maus-Ohr aus den Wellen zu ragen scheint, macht einer der
kleinsten Delfine der Welt seine Aufwartung: Der Hector-
Delfin *(Cephalorhynchus hectori)* mit seiner runden Rückenflosse wird nur eineinhalb Meter lang und zwischen 40 und
60 Kilogramm schwer. Der schwimmende „Zwerg" kommt
nur vor Neuseeland vor und hat damit eines der kleinsten
Verbreitungsgebiete in der gesamten Walverwandtschaft. Da
zudem die Bestände schrumpfen, weil sich immer wieder
Tiere in Fischernetzen verfangen oder von Booten überfahren
werden, hält die IUCN die Art für stark gefährdet. Vor der
Südinsel Neuseelands sollen im Jahr 2004 noch knapp 7300
Tiere geschwommen sein, vor der Nordinsel lebt eine eigene
Unterart, von der es nur noch gut 100 Exemplare geben soll.

Riesenhai

Gefährdet Als Darsteller für Horrorfilme eignet sich der
Riesenhai *(Cetorhinus maximus)* nicht so recht. Zwar wird
der zweitgrößte Fisch der Welt bis zu zwölf Meter lang und

besitzt auch ein beeindru-
ckend großes Maul. Doch statt sich
wie viele seiner Verwandten als Meeresräuber zu betätigen, schwimmt er
friedlich durch die kalten bis gemäßigten
Meere der Nord- und Südhalbkugel und fil-
tert Plankton aus dem Wasser.

Mit dem gemütlichen Leben aber ist es für die sanften
Riesen vielerorts vorbei. Denn neben den Flossen ist auch
die Leber mit dem darin enthaltenen Öl begehrt. Letzteres
ist nicht nur ein Rohstoff für Schmieröle und Kosmetika,
sondern besteht auch zu gut einer Hälfte aus Squalen, das
das Wachstum von Hirntumoren kräftig bremsen soll.

Für Fischer lohnt sich die Jagd auf Riesenhaie also, 80 000
bis 106 000 Exemplare haben sie zwischen Mitte des 20. und
Anfang des 21. Jahrhunderts allein aus dem Nordostatlantik
gezogen. Da sich die Meeresgiganten aber nur langsam
vermehren, sind so hohe Verluste nicht zu kompensieren.
Viele Bestände sind daher stark geschrumpft oder ganz verschwunden.

Beim Schwimmen lassen **Riesenhaie** große
Mengen Wasser in ihr offenes Maul strömen,
aus dem sie dann nahrhaftes Plankton
herausfiltern. »

Dornhai

Gefährdet Auch der Dornhai *(Squalus acanthias)* hat das
große Interesse menschlicher Fischliebhaber nicht gut vertragen. Auf der Roten Liste der IUCN steht der bis zu 1,60
Meter lange Meeresräuber in der Kategorie „gefährdet", der
Bestand im Nordostatlantik gilt sogar als vom Aussterben
bedroht. Denn in dieser Meeresregion sind die Dornhai-
bestände in nur 40 Jahren um 95 Prozent geschrumpft.
Wenn sich dieser Trend fortsetzt, dürften etliche bekannte
Fischgerichte von Europas Speisekarten verschwinden: Die
in Deutschland beliebten Schillerlocken bestehen ebenso aus
Dornhaifleisch wie eine traditionelle Version der englischen
„Fish and Chips".

Der bis zu einein-
halb Meter lange
Kabeljau lebt im
Nordatlantik und
im Nordpazifik.
Vielerorts sind die
Bestände allerdings
stark überfischt.

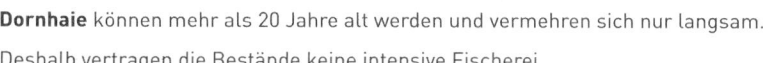
Dornhaie können mehr als 20 Jahre alt werden und vermehren sich nur langsam.
Deshalb vertragen die Bestände keine intensive Fischerei.

Kabeljau

Gefährdet Der Kabeljau *(Gadus morhua)* galt traditionell als
das „Rind des Meeres", als einer der wichtigsten Nutzfische
überhaupt. Er wurde gefangen, seit Menschen in Europas
Meeren zum ersten Mal ihre Netze auswarfen. Da er sich
durch Einsalzen und Trocknen haltbar machen lässt, war er
der perfekte Proviantfisch für die Entdeckungsreisenden früherer Epochen; im 16. Jahrhundert ernährten sich die Seeleute
der spanischen und portugiesischen Flotten in der Neuen Welt
hauptsächlich von zu Stock- oder Klippfisch verarbeitetem
Kabeljau. Gut 200 Jahre lang sollte diese eine Art rund 60 Prozent des gesamten europäischen Fischverzehrs ausmachen.

Und niemand konnte sich vorstellen, dass der einst so häufige
Fisch einmal knapp werden könnte.

Doch dann brachen 1992 die ersten Bestände vor der Küste
Neufundlands zusammen. 10 000 kanadische Fischer und
20 000 weitere Beschäftigte verloren über Nacht ihre Jobs. Die
wirtschaftlichen Verluste durch den Kabeljau-Kollaps kalku-
liert eine Studie der Naturschutzorganisation WWF auf etwa
700 Millionen Euro pro Jahr. Heute wird in der Region kein
Kabeljau mehr gefangen – es lohnt sich einfach nicht.

Auch die Nordsee und etliche andere Meeresgebiete hat
der Kabeljau-Schwund längst erreicht. Weltweit gehen den
Fischern zu Beginn des 21. Jahrhunderts 70 Prozent weniger
„Meeresrinder" ins Netz als noch in den 1970er-Jahren.

Europas Fangflotte zieht vielleicht noch zehn Prozent der damaligen Menge aus dem Wasser.

Zu schaffen macht der Art zum einen der Klimawandel, offenbar wird es den Fischen in einigen Meeresgebieten zu warm. In der Nordsee zum Beispiel scheinen sie sich daher heute schlechter zu vermehren als früher. Einen großen Anteil an der Katastrophe hat aber auch die Fischerei selbst, die die Art mit immer effektiveren Netzen massiv überfischt hat.

Kabeljau lässt sich durch Trocknen gut haltbar machen. Deshalb war er früher ein beliebter Proviantfisch für Schiffsbesatzungen.

Tropische und subtropische Meere

 Das warme Wasser der tropischen und subtropischen Meere hat Menschen wohl schon immer fasziniert: Nirgendwo sonst scheinen die Lebewesen bunter und vielfältiger, behaupten Taucher, die dort die Unterwasserwelt beobachten. Die Vielfalt aber ist vielerorts gefährdet.

Suppenschildkröten kriechen zur Eiablage bei Sonnenuntergang auf ihre angestammten Niststrände – hier auf einer der Hawaii-Inseln. **»**

Eine Gabelschwanzseekuh, auch **Dugong** genannt, weidet das Seegras auf dem Grund des Roten Meeres ab; drei Pilotmakrelen begleiten das Säugetier.

Dugong

Gefährdet Nichts beschreibt das Leben der Dugongs (*Dugong dugon*) besser als der ebenfalls geläufige Name Gabelschwanzseekuh: Mit bis zu vier Metern Länge und 900 Kilogramm Höchstgewicht weiden diese Säugetiere in Tiefen zwischen zwei und sechs Metern gemächlich die Seegraswiesen zwischen dem Roten Meer und den Küsten des Westpazifiks ab. Manchmal brechen sie zu Wanderungen von einigen Hundert Kilometern auf, meist aber grasen sie ihr ganzes, mehr als 60 Jahre während Leben nur auf einer kleinen Fläche. Bevor sich ein Dugong zum ersten Mal paart, vergehen zehn bis 17 Jahre, danach dauert es jeweils drei bis sieben

Jahre bis zum nächsten Kalb. Da Gabelschwanzseekühe kaum
Feinde im Meer haben, konnten sie sich diese langsame Ver-
mehrung leisten. Seit allerdings der Mensch Seekühe jagt, sind
die Bestände an den Küsten vor den Malediven, Mauritius, Taiwan
und China bereits verschwunden, an den meisten anderen Küsten nehmen die
Bestände ab. Nur in den Gewässern vor der Nordküste Australiens ist die Art mit
80 000 Tieren noch häufig, im Persischen Golf grasen weitere 7000 Dugongs.

Auf frisch geschlüpf-
te **Suppenschild-
kröten** warten viele gefräßige Räuber. Die wenigsten dieser Reptilien überstehen daher
die ersten Lebenswochen.

Suppenschildkröte

Stark gefährdet Genüsslich weiden die großen Reptilien die Seegraswiesen ab,
in der Jugend jagen sie Kalmare und andere Meerestiere und wandern dabei durch
viele Regionen der warmen Meere. Mit einem Gewicht von bis zu 200 Kilogramm
und gut geschützt von einem kräftigen Panzer war die Suppenschildkröte *(Chelo-
nia mydas)* ein Erfolgsmodell der Evolution. Das änderte sich, als der Mensch auf
den Plan trat und die Tiere nicht nur zu Suppen verkochte. An den Stränden werden die Eier gesammelt und ausgewachsene Tiere getötet. Obwohl die Art inzwischen stark gefährdet ist, darf die Suppenschildkröte in vielen Staaten noch immer
gejagt werden. Häufig verheddern sich die Meeresreptilien auch in Fischernetzen
und ertrinken. Die Zahl der Suppenschildkröten sinkt stetig – und so recht weiß
niemand, wie diese Entwicklung gestoppt werden könnte.

Unechte Karettschildkröte

🐢 **Stark gefährdet** Rund einen Meter lang wird die Unechte Karettschildkröte *(Caretta caretta)*, gut 100 Kilogramm bringt sie auf die Waage. Nur einen gefährlichen Feind hat diese Art, die in allen warmen Weltmeeren zu Hause ist: den Menschen. Denn überall auf der Welt werden die Strände knapp, an denen sie ihre Eier ablegt. Da sich die Schildkröten nur an Land wagen, wenn die Strände dunkel und ruhig sind, finden sie kaum noch geeignete Nistplätze, sobald der Tourismus eine Küste erst einmal für sich in Beschlag genommen hat. Obendrein verfangen sich die Tiere relativ häufig in den Netzen der Krabbenfischer und

ihre Eier gelten in vielen Ländern als Delikatesse. Die Zahl der Unechten Karettschildkröten befindet sich daher seit Jahrzehnten im Sinkflug.

Lederschildkröte

🐢 **Vom Aussterben bedroht** Mit ihrem 2,50 Meter langen Panzer und einem Gewicht von 600 Kilogramm ist die Lederschildkröte *(Dermochelys coriacea)* die größte lebende Schildkröte auf der Erde. Auch wenn dieser Riese in allen tropischen und subtropischen Meeren der Welt zu Hause ist und gern längere Ausflüge in kältere Gefilde wie vor die Küsten der Niederlande und Schottlands macht, könnte er

Die **Unechte Karettschildkröte** frisst von Krebsen bis zu Seeigeln viele verschiedene Meerestiere, begnügt sich aber auch mit Seegras.

Echte Karettschildkröte

Vom Aussterben bedroht Neben der Unechten gibt es auch noch eine Echte Karettschildkröte *(Eretmochelys imbricata)*, die vor allem durch die tropischen Regionen des Atlantiks, des Pazifiks und des Indischen Ozeans schwimmt. Ein besonderes Faible haben die bis zu 90 Zentimeter langen und 75 Kilogramm schweren Reptilien für die Korallenriffe dieser Meere, sie kommen aber auch in relativ flachen Lagunen oder Buchten gut zurecht. Ihre Nistplätze liegen an einsamen Sandstränden. Zum Verhängnis wurde den Tieren vor allem ihr schöner Panzer: Der liefert das sogenannte Schildpatt, das schon seit der Antike ein beliebtes Material für Schmuckstücke ist.

Mit bis zu 600 Kilogramm erreicht die **Lederschildkröte** die Gewichtsklasse eines Rindes. Sie ist ein typischer Tropenbewohner, taucht aber auch gern in kühleren Gewässern auf.

Ein **Walhai** kann 14 Meter lang werden, doch er ernährt sich ausschließlich von kleinen Meerestieren. **»**

bald von der Erde verschwunden sein. Vor allem an den Stränden des Pazifiks werden seine Eier als Delikatesse gesammelt, Schildkrötennachwuchs wird so zur Mangelware. Obendrein schwimmt in den Weltmeeren viel Plastikmüll, den die Tiere wohl mit schmackhaften Quallen verwechseln. Wenn Plastik aber die Därme verstopft, verenden Lederschildkröten rasch.

Walhai

🐟 **Gefährdet** Rund 15 Tonnen Fisch mit einem eineinhalb Meter breiten Maul gleiten mit fünf Kilometern in der Stunde und damit dem gemächlichen Tempo eines Wanderers durch das Meer unter der heißen Tropensonne. Ein Taucher könnte bequem im gigantischen Maul des 14 Meter langen Tieres verschwinden, dessen vier Meter hohe, elegant geschwungene Schwanzflosse es eindeutig als Hai ausweist.

Die rund 3000 Zähne des Walhais (Rhincodon typus) aber werden einem Menschen nie gefährlich. Denn der Riese lebt von winzigen Organismen, die er aus dem Wasser seiht. 6000 Liter Wasser saugt der Walhai in einer Stunde durch sein riesi-

ges Maul. Plankton und Kleinkrebse, aber auch Sardinen, Makrelen und manchmal sogar ein kleiner Thunfisch bleiben dort an Tausenden von rund zehn Zentimeter langen Plättchen hängen, die wie ein überdimensionales Sieb wirken.

Vermutlich werden die größten Fische der Welt erst nach einigen Jahrzehnten geschlechtsreif und haben erheblich weniger Nachwuchs als die meisten anderen Fische mit ihren oft Millionen von Eiern. Vermehrt sich eine Art aber so langsam, brechen die Bestände durch intensive Fischerei rasch zusammen. Und das Interesse an Walhaien ist groß. Denn ihr Fleisch gilt als Delikatesse, am Anfang des 21. Jahrhunderts brachte ein einziges Exemplar dem glücklichen Fischer bis zu 20 000 US-Dollar.

Möglicherweise aber bröckelt das Geschäft mit dem größten Fisch der Welt. Länder wie Indien und die Philippinen, die USA und Australien haben nicht nur den Fang des Walhais, sondern auch den Handel mit seinem Fleisch verboten. Stattdessen verdienen die Menschen an den Küsten der tropischen Regionen ihren Lebensunterhalt inzwischen mit Hai-Tourismus. Das funktioniert recht gut, weil der Walhai den Menschen meist weitgehend ignoriert. Am

Obwohl der **Meeresteufel** bis zu eine Tonne Gewicht auf die Waage bringt, scheint er schwerelos durchs Wasser zu schweben.

Ningaloo-Riff Australiens können die Taucher daher völlig ungefährdet zwischen den friedlichen Riesen unterwegs sein. Manchmal donnern die Tiere allerdings mit einem gewaltigen Schlag gegen ein Boot, weil sie es im Eifer des Fressens wohl schlicht übersehen haben.

Großer Hammerhai

Stark gefährdet Dem Großen Hammerhai *(Sphyrna mokarran)* geht es ähnlich wie vielen anderen Arten aus der Überordnung der Echten Haie: Die bis zu sechs Meter langen Riesen werden von kommerziellen Fischern als Lieferanten für Haifischflossen auf dem asiatischen Markt gefangen oder landen als Beifang zufällig in den Netzen oder am Haken. Auch Sportfischer verachten den Großen Hammerhai als Trophäe selten. Und dann gibt es noch „Hainetze", die vor vielen Badesträndern im tieferen Wasser aufgebaut werden. Sie schützen die Schwimmer im Meer, während in den Maschen auch der eine oder andere Große Hammerhai verendet. Dabei zählte man bis 2009 genau 34 Attacken dieser Art, bei denen ein Mensch starb. Umgekehrt hat der Mensch den Großen Hammerhai inzwischen auf den direkten Weg zum Aussterben gebracht.

Teufelsrochen

Stark gefährdet Mit einer Länge von 5,20 Metern und ähnlicher Breite gehört der riesige Teufelsrochen *(Mobula mobular)* zu den größten Tieren im Mittelmeer. Weil er sich von Plankton und Schwärmen kleiner Fische ernährt, wird er den Badetouristen an den Stränden nie gefährlich. Auch die Fischer interessieren sich kaum für diese Art. Und doch dezimieren sie die Zahl der Meeresteufel massiv, weil diese Art oft in den Treibnetzen verendet, in denen Schwertfische gefangen werden.

Die bis zu sechs Meter langen **Großen Hammerhaie** attackieren fast alles, was ihnen vors Maul schwimmt. Menschen greifen sie aber extrem selten an.

Für das **Lang-schnauzen-See-pferdchen** verfügen Artenschützer über zu wenige Daten, um seine Gefähr-dung zu beurteilen.

Seepferdchen

Ungenügende Daten bis stark gefährdet Die Eltern der Seepferdchen (Gattung *Hippocampus*) haben die Rollen getauscht. Bei ihnen bringen nicht die Mütter, sondern die Väter den Nachwuchs zur Welt. Wenn sich die Tiere paaren, schwimmen sie Bauch an Bauch durchs Wasser. Dabei übergibt das Weibchen eine Schnur aus Eiern an seinen Partner. Der verstaut sie in seiner Bauchtasche, wo die Eier befruchtet werden. Die kleinen Seepferdchen sind in dieser Tasche vor Gefahren geschützt und werden mit allem versorgt, was sie zum Wachsen benötigen. Sie schwimmen in einer Flüssigkeit, die mit der Zeit dem Meerwasser immer ähnlicher

wird. So bereiten sich die Kleinen ganz allmählich auf ihr neues Zuhause im Ozean vor. Wenn sie schließlich weit genug entwickelt sind, wirft sie der Vater aus ihrem schützenden Unterschlupf hinaus. Dann sind die jungen Seepferdchen zwar selbstständig, stehen aber vor einer ungewissen Zukunft. Denn überall auf der Welt werden die Seegraswiesen zerstört, in denen sie leben. Viele Tiere werden auch als Beifang mit anderen Fischen aus dem Wasser geholt oder gezielt gefangen. Als getrocknete Souvenirs für Touristen sind sie ebenso beliebt wie als Zutaten für die traditionelle asiatische Medizin oder als lebendige Bewohner von Aquarien. Viele Seepferdchenarten stehen deshalb längst auf den Roten Listen.

Diesen **Quastenflosser** der Art *Latimeria chalumnae* haben Fischer bei den Komoren im Indischen Ozean erbeutet.

Quastenflosser

Gefährdet bzw. vom Aussterben bedroht Ein gemächliches Leben scheint der Schlüssel zum Erfolg zu sein. Zumindest bei Quastenflossern aus der Gattung *Latimeria*. Diese bis zu 100 Kilogramm schweren und zwei Meter langen Urfische mit dem erbsengroßen Gehirn scheinen die Bedächtigkeit geradezu erfunden zu haben – und behaupten sich mit ihrem Lebensstil seit etlichen Jahrmillionen. Tagsüber dösen die Fische in 200 Meter unter dem Meeresspiegel liegenden Höhlen an den Steilhängen der vulkanischen Komoreninseln Grande Comore und Anjouan im Indischen Ozean zwischen Madagaskar und Afrika. Erheblich aktiver sind sie auch nicht, wenn sie nachts auf Beutefang gehen: Weitgehend bewegungslos lassen sie sich mit der Strömung entlang der Steilhänge langsam in die Tiefe treiben, allenfalls leichte Bewegungen der Flossen bugsieren zwei Zentner Fisch in die gewünschte Richtung. Nur wenn sie ein Beutetier entdecken, kommt Leben in den Organismus: Mit kräftigen Schlägen der großen Schwanzflosse und einer Rückenflosse katapultieren sich die Quastenflosser auf die Beute zu und reißen das Maul blitzartig weit auf. Dadurch entsteht ein starker Unterdruck, der vor allem kleinere Fische ohne eine Fluchtmöglichkeit direkt ins Maul saugt.

Im Durchschnitt genügen dem Fisch zehn bis 20 Gramm Beute am Tag, um gut über die Runden zu kommen. Ein Quastenflosser benötigt schließlich nicht einmal ein Prozent der Energie, die ein gleich großer Thunfisch verbrennt, hat Hans Fricke ausgerechnet. Gemeinsam mit Karen Hissmann und Jürgen Schauer spürt der selbstständige Wissenschaftler seit 1986 den Urfischen mit den Tauchbooten Geo und Jago nach.

Genau dieses Energiesparwunder hat die Fische wohl auch die Jahrmillionen bis heute überleben lassen. So finden sie nachts in den recht fischarmen Tiefen zwischen 200 und 500 Metern vor den Komoren noch ausreichend Beute. Fische mit „normalem" Energieverbrauch würden dagegen in dieser Tiefe schlicht verhungern und jagen daher in den vor Leben wimmelnden oberen Wasserschichten. Das extreme Energiesparen hält dem Quastenflosser also die Ökonische in der Tiefe offen.

Das deutsche Forschertrio fand heraus, dass sich höchstens 500 Quastenflosser der Art *Latimeria chalumnae* aus der Zeit der Dinosaurier in das 21. Jahrhundert gerettet haben. Diese Art lebt im Indischen Ozean vor den Komoren und vor Südafrika, scheint aber vom Aussterben bedroht zu sein. Auch die vor den Inseln Indonesiens schwimmende zweite Quastenflosserart *Latimeria menadoensis* könnte gefährdet sein, weil einige der Urfische immer wieder den Fischern auf der Jagd nach Tiefseehaien ins Netz gehen.

Napoleon-Lippfisch

Stark gefährdet Mehr als zwei Meter lang und knapp 200 Kilogramm Gewicht – das sind die Gardemaße eines der größten Fische, die in den Korallenriffen des Roten Meeres, des Indischen Ozeans und des Pazifiks schwimmen. Solche Prachtexemplare des Napoleon-Lippfischs *(Cheilinus undulatus)* gibt es am Anfang des 21. Jahrhunderts kaum noch. Schließlich werden auf den Märkten in Singapur und Hongkong rund 100 US-Dollar für ein einziges Kilogramm dieses Fisches bezahlt. Teure Arten aber sind häufig überfischt und verschwinden zunehmend aus den Ozeanen.

Nassau-Zackenbarsch

Stark gefährdet Noch schwimmt der Nassau-Zackenbarsch *(Epinephelus striatus)* durch die Riffe des tropischen Westatlantiks zwischen den Bahamas im Norden und Brasilien im Süden. Die Tage dieser Art aber scheinen gezählt, weil das Fleisch der 80 Zentimeter langen Tiere gut schmeckt und die Art daher stark überfischt ist.

Der **Napoleon-Lippfisch** verschwindet aus den Weltmeeren, weil Feinschmecker Fantasiepreise für sein Fleisch bezahlen.

Auch dem **Nassau-Zackenbarsch** wird sein schmackhaftes Fleisch zum Verhängnis, weil zu viele dieser Tiere aus dem Wasser geholt werden.

Thunfische

🐟 **Ungenügende Daten bis vom Aussterben bedroht**

Schon die langen, stromlinienförmigen Körper verraten den König im Unterwassersprint. Bis auf ein Tempo von 77 Kilometer pro Stunde sollen Thunfische (Gattung *Thunnus*) beschleunigen können. Das Fleisch dieser durchtrainierten Raubfische ist dann auch besonders schmackhaft und macht den Thun zu einem der beliebtesten Speisefische der Erde. 2006 wurden zum Beispiel 4,5 Millionen Tonnen Thunfisch aus den Weltmeeren geholt und alle acht Arten gelten als überfischt. Da zudem bisher kein Land bereit ist, seinen Fang einzuschränken, sind Arten wie der Südliche Blauflossen-Thunfisch *(Thunnus maccoyii)* vom Aussterben bedroht.

Die **Große Riesen-muschel** trägt ihren Namen völlig zu Recht, kann sie doch eine halbe Tonne schwer werden. »

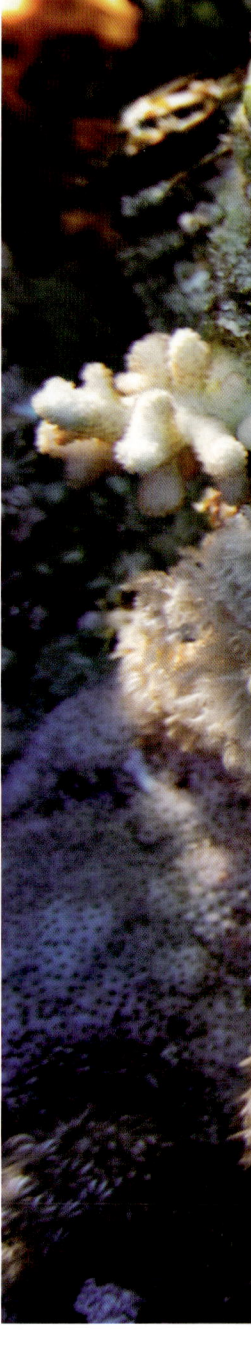

Der **Gelbflossen-Thun** wandert aus den warmen Meeren tiefgefroren oder als Dosenfisch in die Supermärkte.

Der **Rote Thun** gilt als stark überfischt, ausreichende Schutzmaßnahmen hat die Europäische Union bisher nicht ergriffen.

Schwarze Abalone

🪸 **Vom Aussterben bedroht** Es sieht aus wie eine Muschelschale, ist aber tatsächlich das schützende Gehäuse einer Gattung von Schnecken, die Seeohren oder Abalone genannt werden. Abfallprodukte ihres Stoffwechsels lagern diese Tiere im Inneren der Schale als Perlmutt ab. Und weil Perlmutt nach einer Politur oft sehr schön in verschiedenen Farbtönen schimmert, sind die Schalen der Seeohren seit jeher begehrte Schmuckstücke. Obendrein gilt der Fuß, mit dem sich die Schnecke an Felsen haftet, vielerorts als Delikatesse. Etliche der 66 Seeohrenarten sind daher überfischt. Und wenn dann auch noch eine Infektionskrankheit die Weichtiere dahinrafft, landen Arten wie die Schwarze Abalone *(Haliotis cracherodii)* an der Pazifikküste Kaliforniens und Mexikos schnell auf der Liste der vom Aussterben bedrohten Arten.

Große Riesenmuschel

🪸 **Gefährdet** Eine halbe Tonne Gewicht, eine Länge von 140 Zentimetern und ein Lebensalter von über 100 Jahren machen die Große Riesenmuschel *(Tridacna gigas)* zur Rekordhalterin unter den Muscheln. Zu Hause sind die Giganten im Korallensand der Lagunen des Südpazifiks und des Indischen Ozeans – und auf der Roten Liste der bedrohten Arten: Auf vielen Inseln im Südpazifik, in Japan und in Südostasien gilt die Große Riesenmuschel als Delikatesse. Daher sind die Giganten vielerorts überfischt.

Wegen ihrer leuchtend roten Farbe wird die **Edelkoralle** oft auch Rote Koralle genannt.

Edelkoralle

🪸 **Nicht bewertet** Seit Jahrtausenden wird die Edelkoralle *(Corallium rubrum)* von Tauchern aus dem Mittelmeer und dem östlichen Atlantik geholt und zu wertvollem Schmuck verarbeitet. Im 20. Jahrhundert wurde dann auch schweres Gerät eingesetzt, bald war die Art übernutzt, die wegen ihrer Farbe manchmal auch Rote Koralle genannt wird. Die Mit-

glieder im Washingtoner Artenschutzabkommen CITES waren sich 2007 daher einig, dass der Handel mit dieser Art kontrolliert werden muss.

Elchgeweihkoralle

🪸 **Vom Aussterben bedroht** Wie ein dichter Wald wachsen die Äste der Elchgeweihkoralle *(Acropora palmata)* in das Wasser der Karibik und des Golfes von Mexiko und bilden ein oder zwei Meter über dem Grund ein dichtes Kronendach, unter dem sich kleine Fische vor ihren Feinden verstecken. Am Anfang des 21. Jahrhunderts aber finden sie kaum noch eine solche Zuflucht. Seit 1980 hat nämlich eine Armada aus Gefahren zwischen 80 und 98 Prozent der Korallen dahingerafft: Bakterieninfektionen töten die kleinen Riffbaumeister genauso wie gefräßige Schnecken. Der Klimawandel treibt die Wassertemperaturen in die Höhe und lässt so die Stöcke ausbleichen. Wenn dann auch noch Schiffsanker große Blöcke aus einem Korallenwald herausreißen, ist das Schicksal eines Riffes rasch besiegelt.

Nicht nur der Klimawandel gefährdet die **Elchgeweihkoralle**, die den Grund der Karibik an einigen Stellen wie ein versteinerter Wald überzieht.

Tiefsee

In die Tiefen der Weltmeere dringt nicht nur kein Licht vor, auch Wissenschaftler und Artenschützer wissen nur wenig über die Vorgänge dort unten. Verschwindet in der Tiefe eine Art, gibt es dazu oberhalb des Meeresspiegels oft nur einen einzigen Hinweis: Plötzlich brechen die Fangzahlen der Fischereiflotten ein.

Langleinenfischer erwischen den **Schwarzen Seehecht** nur noch selten. Daher vermuten Naturschützer, dass die Art kurz vor dem Aussterben stehen könnte.

Schwarzer Seehecht

Nicht bewertet Auch über den Schwarzen Seehecht *(Dissostichus eleginoides)* ist nicht viel mehr bekannt als seine Größe: Zwei Meter lang und 200 Kilogramm schwer werden Prachtexemplare der Art, normalerweise aber wiegen die Fische nicht einmal zehn Kilogramm. Mit 130 Kilometer langen Leinen werden sie aus Tiefen zwischen 70 und 3500 Metern aus den Gewässern rund um die Antarktis und den Süden Südamerikas geholt. Doch die Fangzahlen dieser Art sind massiv eingebrochen – und niemand weiß, was genau in der lichtlosen Tiefe passiert.

Granatbarsch

Nicht bewertet Stolze 150 Jahre dürfte der Granatbarsch *(Hoplostethus atlanticus)* in der Tiefe des Atlantiks und Pazifiks alt werden. Zur Fortpflanzung kommen die höchstens 70 Zentimeter langen Fische frühestens im Alter von 30 oder 40 Jahren. Im drei bis neun Grad Celsius kalten Wasser und 180 bis 1800 Meter unter der Meeresoberfläche funktioniert eben alles deutlich langsamer. Nur das Überfischen geht sehr schnell. In gerade einmal 20 Jahren waren die Fänge vor den Küsten Neuseelands und Australiens derart zusammengebrochen, dass die Regierungen beider Länder Ende 2007 die Notbremse zogen. Auf unbestimmte Zeit darf der Granatbarsch dort nicht mehr gefischt werden. Nur so könnten die Bestände eine Chance haben, sich zu erholen.

Der **Granatbarsch** gehört zu den Methusalems unter den Fischen und wird bis zu 150 Jahre alt. »

Weltweit in allen Ozeanen

 Während manche Meerestiere eine Vorliebe für bestimmte Regionen oder Klimazonen haben, sind andere echte Kosmopoliten. Vor allem Arten, die beispielsweise zur Fortpflanzung oder Nahrungssuche lange Wanderungen unternehmen, kommen häufig in den verschiedensten Ozeanen vor.

Nach dem Tauchen stoßen **Blauwale** ihre Atemluft aus ihren beiden Blaslöchern heraus. Dabei entsteht eine bis zu zwölf Meter hohe Fontäne. »

Blauwale tauchen immer wieder für zehn bis 20 Minuten ab, um in mehr als 100 Metern Tiefe kleine Krebstiere aus dem Wasser zu filtern.

Blauwal

Stark gefährdet Blauwale *(Balaenoptera musculus)* sind wohl die größten Tiere, die je auf der Erde gelebt haben. Die etwas größeren Weibchen können durchaus 30 Meter lang und 200 Tonnen schwer werden. Ein Elefant mit seinen zwei bis fünf Tonnen Gewicht wirkt daneben geradezu wie ein Zwerg. Umso erstaunlicher ist es, dass sich die Riesen der Meere nur von Krill ernähren. Diese winzigen Krebse schwimmen im Sommer massenweise in den kalten Gewässern des Nordatlantiks, des Nordpazifiks und der antarktischen Meere. Mithilfe der „Barten" genannten Hornplatten in seinem Maul kann ein einziger Blauwal jeden Tag etwa 40 Millionen dieser Minisnacks aus dem Wasser filtern.

Allerdings ist der Tisch in den Gewässern der Polarregionen nur im Sommer so reich gedeckt. In dieser Zeit müssen sich die Tiere üppige Fettvorräte anfressen. Denn in den übrigen Monaten bekommen sie kaum etwas in den Magen. Im

Herbst verlassen sie daher die hohen Breiten und schwimmen Richtung Äquator. In den Meeren der gemäßigten und subtropischen Regionen verbringen sie den Winter, paaren sich und gebären ihre Jungen.

Diese weiten Wanderungen machen Blauwale zu echten Kosmopoliten, die mit wenigen Ausnahmen in allen Meeren vorkommen. Allerdings haben Walfänger auch diese Art so massiv dezimiert, dass sie in den 1960er-Jahren kurz vor dem Aussterben stand. Die Internationale Walfangkommission IWC hat daher im Jahr 1966 Schutzmaßnahmen für den Blauwal beschlossen und die Fangquoten 20 Jahre später auf null herabgesetzt. Inzwischen soll es wieder 10 000

bis 25 000 Exemplare geben – nur ein Bruchteil der Bestände, die noch zu Beginn des 20. Jahrhunderts durch die Ozeane schwammen.

Pottwal

Gefährdet Wenn es ums Tauchen geht, sind Pottwale (*Physeter macrocephalus*) die Rekordhalter unter den Säugetieren. Auf der Jagd nach Riesenkalmaren wagen sie sich in Tiefen von mehr als 1000 Metern vor, manche sollen auch schon 3000 Meter erreicht haben. Bis zu zwei Stunden können sie unter Wasser bleiben. Manche kommen dann mit

Pottwale sind die einzigen großen Wale, die kein Plankton fressen. Stattdessen nutzen sie ihre Zähne für die Jagd auf Tintenfische in größeren Tiefen.

den Narben von riesigen Saugnäpfen auf der Haut zurück – möglicherweise liefern sie sich in der Tiefe gewaltige Kämpfe mit den Riesenkalmaren. Neben diesen geheimnisvollen Tiefseebewohnern gehören auch andere Tintenfische, Fische und Krustentiere zu ihrer Beute. Im Gegensatz zu den anderen großen Walarten, die siebartige Barten zum Planktonfang im Maul haben, besitzen Pottwale daher echte Zähne. Mit bis zu 18 Metern Länge und 50 Tonnen Gewicht sind sie die größten Zahnwale, die es auf der Erde gibt.

Allerdings konnten die Riesenkalmare in den vergangenen Jahrzehnten vielerorts ein relativ unbeschwertes Leben führen. Denn die Fangflotten haben auch die in allen Meeren der Welt vorkommenden Pottwale massiv dezimiert. Begehrt waren neben dem Tran auch das weißliche Walrat aus dem Kopf der Tiere, das als Zusatz für Getriebeöle verwendet wurde, und das Ambra aus den Därmen, das in der Parfümindustrie beliebt war. Von der intensiven Jagd haben sich die Bestände bis heute nicht erholt.

Weißer Hai

Gefährdet Um kaum ein anderes Tier ranken sich so viele blutrünstige Legenden wie um den Weißen Hai *(Carcharodon carcharias).* Über das wirkliche Leben des meist vier bis fünf Meter langen Meeresräubers aber war lange wenig bekannt. Erst als Wissenschaftler kleine Messgeräte auf den Rücken der Tiere klebten und so ihre Wanderungen verfolgen konnten, gewannen sie einen besseren Einblick in den Alltag der Haie. Dabei entpuppten sich die Tiere als echte Fernreisende: Ein Weibchen schwamm im Jahr 2003 mehr als 11 000 Kilometer weit von Südafrika an die australische Westküste und tauchte nach nur neun Monaten wieder in Südafrika auf.

Ihre Vorliebe für weite Wanderungen aber macht die ohnehin bedrohten Meeresräuber noch anfälliger für die Gefahren der Fischerei. Denn bisher haben zwar einzelne Länder die Tiere unter Schutz gestellt. Doch diese Bestimmungen gelten nur in den Hoheitsgewässern der jeweiligen Staaten und damit nur in einem sehr kleinen Teil der rekordverdächtigen Reiserouten. Jedes Jahr werden daher so viele Weiße Haie gefangen, dass Experten den Zusammenbruch der Bestände befürchten. Die Gebisse der Tiere sind als Trophäen begehrt, Haifischflossen als Zutaten in der asiatischen Küche. Und zahlreiche Weiße Haie landen unbeabsichtigt in Netzen, die eigentlich für andere Fischarten ausgeworfen wurden.

Ihren schlechten Ruf verdanken **Weiße Haie** nicht zuletzt ihrem eindrucksvollen Gebiss. Die spitzen Zähne sind heute immer noch beliebte Trophäen.

Weiße Haie sind flexible Tiere, die in unterschiedlichen Klimazonen zurechtkommen. Deshalb haben sie ein sehr großes Verbreitungsgebiet.

PAZIFISCHER OZEAN

ATLANTISCHER OZEAN

PAZIFISCHER OZEAN

INDISCHER OZEAN

N

1000 km

www.kartographie.de

Verbreitung

Hauptvorkommen

Weiße Haie besitzen scharfe Augen, mit denen sie ihre Beute anpeilen. Dabei haben sie es zum Beispiel auf Fische, Tintenfische oder Robben abgesehen.

BILDNACHWEIS

John James Audubon 151; Robbie Cada 295 u.; A. E. Holt-White 26 r.; Andries Hoogerwerf 124 u.; Roland Knauer 252 u., 253; OhMecommons 238/239; OKAPIA 91 u., 142 u.; Pseudopanax 238 u.; U.S. FDA 295 M.; Tim Vickers 108 u.; Kerstin Viering 29 o., 104 u., 252 M.

Alle übrigen Bilder von mauritius images